Aspectos biológicos
do corpo humano

Aspectos biológicos
do corpo humano

Tatiane Calve

Rua Clara Vendramin, 58 • Mossunguê • CEP 81200-170 • Curitiba • PR • Brasil
Fone: (41) 2106-4170 • www.intersaberes.com • editora@intersaberes.com

Conselho editorial
Dr. Ivo José Both (presidente)
Dr. Alexandre Coutinho Pagliarini
Drª Elena Godoy
Dr. Neri dos Santos
Dr. Ulf Gregor Baranow

Editora-chefe
Lindsay Azambuja

Supervisora editorial
Ariadne Nunes Wenger

Assistente editorial
Daniela Viroli Pereira Pinto

Preparação de originais
Palavra Arteira

Edição de texto
Arte e Texto

Capa
Laís Galvão (*design*)
NDAB Creativity/Shutterstock (imagem)

Projeto gráfico
Luana Machado Amaro

Diagramação
Fabio Vinicius da Silva

Equipe de *design*
Débora Gipiela
Luana Machado Amaro

Iconografia
Regina Claudia Cruz Prestes

Dados Internacionais de Catalogação na Publicação (CIP)
(Câmara Brasileira do Livro, SP, Brasil)

Calve, Tatiane
 Aspectos biológicos do corpo humano/Tatiane Calve. Curitiba: Editora InterSaberes, 2021. (Série Corpo em Movimento)

 Bibliografia.
 ISBN 978-65-5517-439-7

 1. Anatomia humana 2. Biologia 3. Biologia celular 4. Corpo humano 5. Educação física 6. Fisiologia humana I. Título. II. Série.

21-78508 CDD-574

Índices para catálogo sistemático:
1. Corpo humano: Aspectos biológicos: Biologia   574

Cibele Maria Dias – Bibliotecária – CRB-8/9427

1ª edição, 2022.

Foi feito o depósito legal.

Informamos que é de inteira responsabilidade da autora a emissão de conceitos.

Nenhuma parte desta publicação poderá ser reproduzida por qualquer meio ou forma sem a prévia autorização da Editora InterSaberes.

A violação dos direitos autorais é crime estabelecido na Lei n. 9.610/1998 e punido pelo art. 184 do Código Penal.

Sumário

Apresentação • 9
Como aproveitar ao máximo este livro • 13

Capítulo 1
Fundamentos da biologia para a educação física: componentes químicos, inorgânicos e orgânicos da célula · 17

   1.1 Componentes químicos da célula • 20
   1.2 Substâncias inorgânicas: água e sais minerais • 23
   1.3 Componentes orgânicos: glicídios, lipídios e proteínas • 29
   1.4 Componentes orgânicos: enzimas, ácidos nucleicos e vitaminas • 33
   1.5 Células procariontes e eucariontes • 37

Capítulo 2
Componentes da célula e divisão celular • 43

   2.1 Membrana plasmática e citoplasma • 46
   2.2 Complexo de Golgi e lisossomos • 52
   2.3 Retículo endoplasmático e núcleo • 54
   2.4 Mitocôndrias • 57
   2.5 Divisão celular: mitose e meiose • 58

Capítulo 3

Células do tecido nervoso: neurônios e células da glia • 67

3.1 Neurônios: corpo celular e dendritos • 70
3.2 Neurônios: axônio e terminal sináptico • 72
3.3 Células da glia • 73

Capítulo 4

Células dos tecidos ósseo, cartilaginoso, conjuntivo, epitelial e sanguíneo • 81

4.1 Células do tecido ósseo • 84
4.2 Células do tecido cartilaginoso • 86
4.3 Células do tecido conjuntivo • 89
4.4 Células do tecido epitelial • 91
4.5 Células do tecido sanguíneo • 96

Capítulo 5

Células dos tecidos musculares liso, cardíaco e esquelético • 105

5.1 Tecido muscular liso • 109
5.2 Tecido muscular cardíaco • 110
5.3 Tecido muscular esquelético • 111
5.4 Sinapses e potencial de ação • 113
5.5 Sistema sensorial • 119

Capítulo 6

Posição anatômica e sistema articular • 127

6.1 Posição anatômica, planos e eixos • 130
6.2 Movimentos articulares • 132
6.3 Movimentos de cintura escapular e membros superiores • 137
6.4 Movimentos de cintura pélvica e membros inferiores • 140
6.5 Movimentos de tronco e referência de uma boa postura • 143

Considerações finais • 153
Referências • 157
Bibliografia comentada • 161
Respostas • 163
Sobre a autora • 165

Apresentação

O termo *biologia* vem do grego e significa "estudo da vida" (*bios* – vida e *logos* – estudo). Assim, biologia é uma ciência que estuda o funcionamento dos seres vivos, a relação desses organismos com o meio onde vivem e o processo evolutivo da vida. Os estudos em biologia podem ser divididos em biologia celular, ecologia, paleontologia, anatomia, fisiologia e evolução, dependendo do interesse de cada pesquisador.

Muitas vezes, as subáreas da biologia se integram para a compreensão da vida em diferentes ambientes e como eles se relacionam para que haja harmonia na sobrevivência dos seres vivos.

Entre os componentes estudados, a célula, considerada a unidade básica da vida, apresenta uma importância muito grande para a área da biologia, pois é pelo estudo da biologia celular que é possível compreender os mecanismos que diferentes organismos utilizam para viver.

A denominação *célula* foi utilizada pela primeira vez por Robert Hooke, em 1665, quando, em seu microscópio de três lentes e com luz, identificou, em cortes finos de cortiça, inúmeros compartimentos em formato poliédrico[1], como favos de mel. Esses espaços ou cavidades foram chamados de *células*, do latim *cella*, que significa "pequena cavidade" ou "pequeno quarto", assim

---

[1] Figura sólida com três dimensões. Exemplo: cubo ou pirâmide.

como eram as celas/quartos dos monges ingleses da época. Essas cavidades eram as paredes das células vegetais mortas da cortiça. (History of the cell, 2019).

Os microscópios utilizados por Hooke e outros cientistas da época da descoberta da célula não tinham a mesma nitidez dos modernos microscópios da atualidade (Carvalho; Recco-Pimentel, 2019). Entretanto, com o passar dos anos, as técnicas e a instrumentalização da microscopia foram evoluindo, o que levou ao surgimento da teoria celular, segundo a qual quase todos os seres vivos são formados por uma ou mais células. A exceção são os vírus, que são seres acelulares, formados apenas por material genético envolvido por uma membrana nuclear.

O corpo humano é formado por aproximadamente 100 trilhões de células, que, com diferentes estruturas e funções orgânicas, se organizam e reorganizam de acordo com as condições internas e influências ambientais para manter a homeostase do corpo.

Para a compreensão da biologia celular, é necessário ter conhecimento sobre bioquímica, biologia molecular, genética, imunologia, entre outras áreas afins. Além disso, se considerarmos a estrutura do corpo humano, há necessidade de se compreender a organização em diferentes níveis, iniciando pelo nível celular, em seguida, os níveis tecidual e sistêmico.

Para leitores interessados na área de educação física e afins, o conhecimento sobre o funcionamento integral do corpo humano é fundamental para a compreensão de como o organismo se adapta ao exercício de maneira aguda e crônica.

Sendo assim, este livro tem o intuito de explorar conteúdos sobre a biologia celular, fazendo a relação com a anatomia e a fisiologia para explicar o funcionamento do corpo humano.

Buscamos, dessa forma, apresentar ao leitor conhecimentos sobre as células e a relação delas com os sistemas orgânicos do corpo humano. Para alcançar tal objetivo, o livro foi dividido em seis capítulos, e em cada um deles exploraremos um campo do conhecimento da biologia celular.

No primeiro capítulo, analisaremos a célula e seu funcionamento, apresentando suas diferentes estruturas, seus componentes químicos e suas diversas funções. No segundo capítulo, trataremos especificamente dos diferentes componentes celulares e suas funções. Demonstraremos também os tipos de transporte de substâncias que ocorrem entre os meios intra e extracelular, como ocorre a digestão celular e o processo de respiração celular.

No terceiro capítulo, abordaremos as características, as estruturas e as funções das células nervosas, dos neurônios e das células da Glia (neuróglia), ao passo que no quarto capítulo trataremos dos tecidos ósseo, cartilaginoso, conjuntivo, epitelial e sanguíneo e de suas características e funções.

Já no quinto capítulo, analisaremos especificamente o tecido muscular (liso, estriado cardíaco e estriado esquelético), suas características e suas propriedades específicas. Trataremos, ainda, do processo de transmissão da informação entre neurônios, descrevendo as sinapses e o potencial de ação.

Por fim, no sexto capítulo, abordaremos as terminologias utilizadas de maneira universal para se referir aos planos e eixos, na posição anatômica, bem como os diversos tipos de articulações presentes no corpo humano. Nesse último capítulo, daremos enfoque, ainda, ao sistema universal de planos e eixos, denominado *posição anatômica* ou *norma anatômica*, a qual possibilita descrever qualquer região ou parte do corpo a partir da mesma posição. Além disso, caracterizaremos e exemplificaremos as articulações, algumas alterações da coluna e sua relação com a postura.

Desse modo, apresentamos definições básicas de cada componente, conhecimentos-chave que possibilitam a compreensão de temas correlatos à área de aspectos biológicos.

Desejamos a todos uma excelente leitura!

Como aproveitar ao máximo este livro

Empregamos nesta obra recursos que visam enriquecer seu aprendizado, facilitar a compreensão dos conteúdos e tornar a leitura mais dinâmica. Conheça a seguir cada uma dessas ferramentas e saiba como estão distribuídas no decorrer deste livro para bem aproveitá-las.

Introdução do capítulo

Logo na abertura do capítulo, informamos os temas de estudo e os objetivos de aprendizagem que serão nele abrangidos, fazendo considerações preliminares sobre as temáticas em foco.

Síntese

Ao final de cada capítulo, relacionamos as principais informações nele abordadas a fim de que você avalie as conclusões a que chegou, confirmando-as ou redefinindo-as.

Indicações culturais

Para ampliar seu repertório, indicamos conteúdos de diferentes naturezas que ensejam a reflexão sobre os assuntos estudados e contribuem para seu processo de aprendizagem.

Atividades de autoavaliação

Apresentamos estas questões objetivas para que você verifique o grau de assimilação dos conceitos examinados, motivando-se a progredir em seus estudos.

Atividades de aprendizagem

Aqui apresentamos questões que aproximam conhecimentos teóricos e práticos a fim de que você analise criticamente determinado assunto.

Bibliografia comentada

Nesta seção, comentamos algumas obras de referência para o estudo dos temas examinados ao longo do livro.

Bibliografia comentada

CARVALHO, H. F.; RECCO-PIMENTEL, S. M. **A célula**. 4. ed. Barueri: Manole, 2019.

O livro A célula é uma obra escrita com clareza e, por isso, de fácil compreensão. Apresenta conhecimentos gerais sobre conceitos e características morfofuncionais das células e dos processos fisiológicos básicos. Por se tratar de um livro amplamente ilustrado, é largamente recomendado a estudantes e professores de ciências biológicas e outras disciplinas que abordam a biologia celular como conteúdo.

HALL, J. E.; GUYTON, A. C. **Tratado de fisiologia médica**. 13. ed. Rio de Janeiro: Elsevier, 2017.

Essa obra é um clássico mundial. Já na 13ª edição, esse livro-texto, de grande clareza e fácil compreensão, é recomendado para professores universitários, pesquisadores e alunos de graduação e pós-graduação. A obra traz conteúdos detalhados sobre fisiologia e fisiopatologia do corpo humano. Além de ser muito bem ilustrado com imagens e tabelas, o livro-texto oferece informações de apoio e exemplos detalhados sobre os conteúdos abordados. Para deixar o material ainda melhor, nessa edição está disponível um conteúdo online com mais ajustamentos, como banco de imagens, referências, perguntas e respostas e animações.

JUNQUEIRA, L. C.; CARNEIRO, J. **Biologia celular e molecular**. 9. ed. Rio de Janeiro: Guanabara Koogan, 2012.

O livro Biologia celular e molecular é um dos clássicos da área de biologia celular, sendo amplamente recomendado e indicado nas bibliografias básicas dos cursos da área da saúde. A 9ª edição traz conteúdos atualizados sobre as células, além de conter ilustrações que auxiliam na compreensão dos temas abordados.

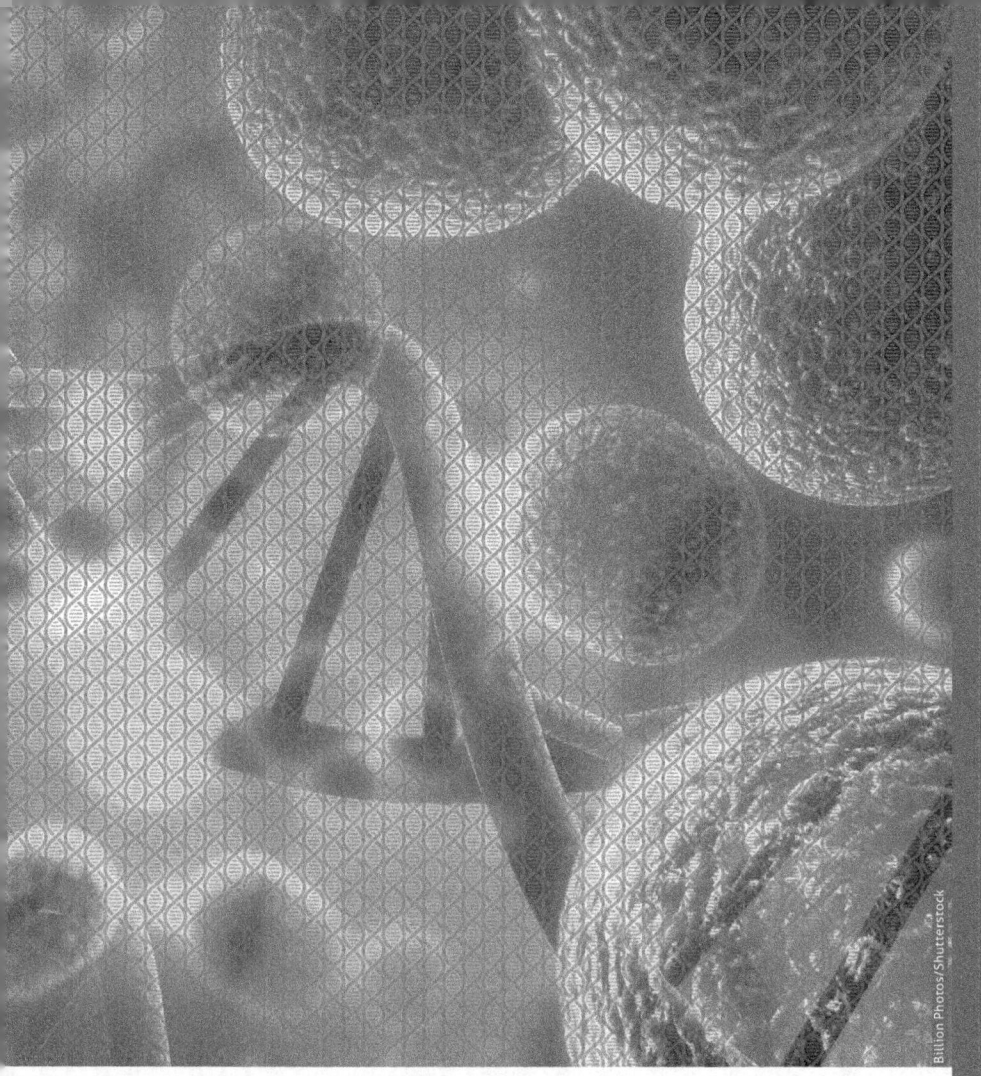

Capítulo 1

Fundamentos da biologia para a educação física: componentes químicos, inorgânicos e orgânicos da célula

As células são formadas por diferentes estruturas e componentes, razão por que possuem diferentes formatos e funções em um ambiente ou em um organismo. Assim sendo, no ambiente há organismos com uma grande variedade celular, o mesmo ocorrendo no organismo humano, no qual são encontradas milhões de células que se diferem em morfologia e fisiologia.

As células são formadas por componentes químicos inorgânicos e orgânicos, como água, sais minerais, glicídios, lipídios, proteínas, enzimas, ácidos nucleicos e vitaminas.

De acordo com suas estruturas e funções, as células são divididas em procariontes e eucariontes, sendo as células procariontes as que não apresentam núcleo em sua estrutura, enquanto as células eucariontes possuem um ou mais núcleos. Essas características estruturais e de composição celular serão abordadas detalhadamente a seguir.

1.1 Componentes químicos da célula

Segundo a teoria celular de Mathias Schleiden e Theodor Schwann, citados por Paoli (2014), todos os seres vivos são formados por células, as quais são consideradas as unidades básicas da vida. Suas diferentes estruturas e composições permitem que as células desempenhem distintas funções em um organismo ou ambiente.

As células são formadas por uma membrana plasmática, podem não conter núcleo (procariontes) ou conter núcleo (eucariontes), plasma e corpúsculos de diversas formas e tamanhos, denominados *organelas citoplasmáticas* (Carvalho; Recco-Pimentel, 2019). As estruturas celulares variam de acordo com o tipo de célula. A diferença entre as células animais e as células vegetais está na presença de polímeros, como a celulose nas paredes rígidas das células vegetais, e de cloroplastos, organela responsável pela fotossíntese das plantas.

O conhecimento dos componentes da célula e de seus constituintes químicos é importante para a compreensão de suas estruturas e funções.

Os diferentes componentes celulares são formados por diversos elementos químicos, que são substâncias que originam a matéria. Um elemento químico "é uma substância que não pode ser separada em substâncias mais simples, pelos métodos químicos usuais" (Tortora; Grabowski, 2002, p. 22). Além disso, cada elemento químico, por sua vez, é constituído em forma e característica funcional por átomos, considerados as menores unidades de matéria (tudo que possui peso e ocupa lugar no espaço).

Os átomos são formados por prótons, nêutrons e elétrons, elementos chamados de *partículas subatômicas*. Os prótons e os nêutrons formam o núcleo do átomo. Já os elétrons ficam circulando em uma região específica em torno do núcleo, a órbita de elétrons, ou formando uma nuvem de elétrons. Na figura a seguir está representado um átomo.

Figura 1.1 Representação da estrutura de um átomo

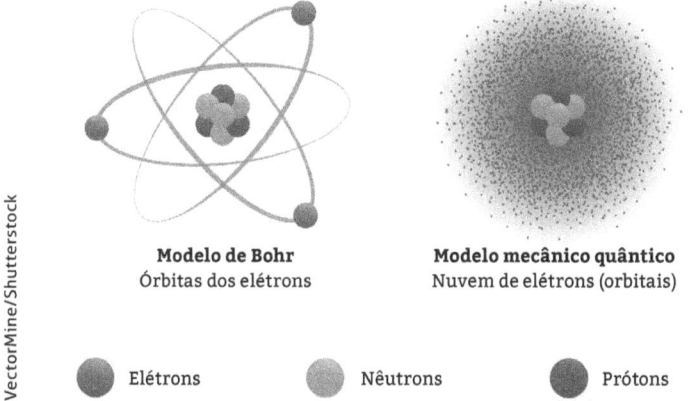

Modelo de Bohr
Órbitas dos elétrons

Modelo mecânico quântico
Nuvem de elétrons (orbitais)

● Elétrons   ● Nêutrons   ● Prótons

Os átomos de um elemento possuem o mesmo número de prótons. Entretanto, podem ganhar, perder ou compartilhar seus elétrons para outros átomos. Quando um átomo ganha ou perde seus elétrons (ionização), ele passa a ter carga negativa ou positiva. E ao partilharem seus elétrons, os átomos formam uma molécula – por exemplo, a água, em que há dois átomos de hidrogênio e um de oxigênio (H_2O).

Pode haver, também, um átomo com um elétron não pareado em sua órbita externa, sendo essa molécula denominada *radical livre*. Assim, os radicais livres ficam instáveis, reativos e passam a destruir as moléculas vizinhas.

Os radicais livres, entre outros fatores, como radiação ultravioleta, podem ser produzidos por reações oxidativas, as quais são decorrentes de processos metabólicos do organismo. O processo de envelhecimento e algumas patologias, como o câncer, o Alzheimer e a aterosclerose, entre outras, estão relacionados com a presença de radicais livres no organismo humano.

Para combater os danos causados pela presença de radicais livres no organismo, podem ser utilizadas substâncias denominadas *antioxidantes*, as quais tendem a inativar os radicais livres produzidos por reações de oxidação. Os antioxidantes "doam" elétrons aos átomos de radicais livres, assim como indicado na Figura 1.2 a seguir. Dessa maneira, vitaminas E e C e o betacaroteno, antioxidantes presentes na dieta de frutas e vegetais, são capazes de retardar a velocidade das lesões e do processo natural de envelhecimento, causados pelos radicais livres.

Figura 1.2 Representação da doação de elétron do átomo deantioxidante ao átomo radical livre

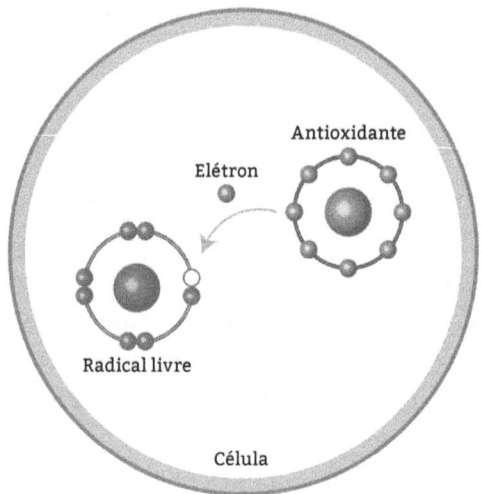

São reconhecidos, pelos cientistas, 118 elementos químicos, os quais estão presentes na tabela periódica. Dos 118 elementos químicos que compõem a tabela periódica, 92 são encontrados na natureza e, destes, 26 estão presentes no organismo humano. Segundo Tortora e Grabowski (2002), 96% da massa corporal são constituídos pelos elementos químicos oxigênio, carbono, hidrogênio e nitrogênio, enquanto os outros 3,9% da massa corpórea são formados pelos elementos químicos cálcio, fósforo, potássio, enxofre, sódio, cloro, magnésio, iodo e ferro.

Os demais componentes celulares são substâncias orgânicas, como os carboidratos, os lipídios, as proteínas, as enzimas, as vitaminas e os ácidos nucleicos.

Como podemos observar, as substâncias presentes no organismo humano são classificadas como *inorgânicas* e *orgânicas*. Essa divisão existe para que os cientistas, ao descobrirem novas substâncias, pudessem organizá-las quanto às propriedades. Dessa maneira, as substâncias inorgânicas são aquelas de origem mineral e as substâncias orgânicas, de origem vegetal ou animal.

Todos os componentes, inorgânicos e orgânicos, das células do organismo humano serão abordados mais detalhadamente a seguir.

1.2 Substâncias inorgânicas: água e sais minerais

Como indicado anteriormente, as substâncias inorgânicas são de origem mineral. Nas células do corpo humano, estão presentes 26 substâncias químicas inorgânicas. Dentre elas, o nitrogênio, o hidrogênio, o oxigênio e o carbono são as substâncias químicas inorgânicas encontradas em maior quantidade em nosso organismo. Ainda, entre essas quatro substâncias, o hidrogênio e o oxigênio podem ser consideradas as mais importantes, pois a ligação molecular de dois átomos de hidrogênio e um átomo de oxigênio, por ligações covalentes, formam a água (Figura 1.3), que, entre os componentes celulares, é o que está presente em maior quantidade em uma célula, correspondendo a cerca de 80% de sua composição; em seguida, as demais substâncias inorgânicas correspondem à aproximadamente 3% de uma célula (Paoli, 2014).

Por se tratar de um elemento presente em grande quantidade na massa corporal e estar diretamente ligada ao funcionamento de muitas outras moléculas, é importante que a concentração de água seja mantida nos meios extra e intracelulares.

Figura 1.3 Molécula de água

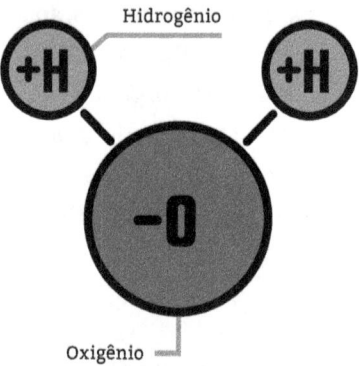

A desigualdade de distribuição de cargas iônicas permite que a água seja capaz de formar quatro pontes de hidrogênio com outras moléculas de água, o que faz com que haja a necessidade de maior quantidade de calor (1000 C) para que suas moléculas sejam separadas (Picolo, 2014). Assim, a água é considerada um ótimo tampão de temperatura.

A polaridade é uma outra característica importante da água, pois faz dela um facilitador para a separação e para a recombinação dos íons H⁺ (hidrogênio) e OH⁻ (hidróxido). Assim sendo, auxilia, como reagente, nos processos digestivos e nas sínteses orgânicas (Picolo, 2014).

A água é um excelente solvente; desse modo, quando as substâncias se dissolvem nela, e dependendo do tipo de substância (ácido, base ou sal), a liberação iônica é diferenciada, como indicado no quadro a seguir.

Quadro 1.1 Relação entre a dissociação de substâncias em água e a liberação de íons

Formação química	Íons
Ácido	Hidrogênio (H⁺), ânions
Base	Hidróxido (OH⁻), cátions
Sal	Ânions, cátions

Fonte: Elaborado com base em Tortora; Grabowski, 2002.

Essas dissociações das substâncias em água são importantes, pois as reações bioquímicas que ocorrem no organismo são sensíveis às alterações de potencial hidrogeniônico (pH), que varia de mais ácido para mais alcalino, passando pelo neutro (Cooper; Hausman, 2007), como podemos observar na figura a seguir.

Figura 1.4 Escala de pH

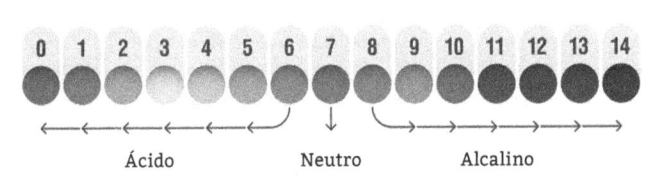

Outra característica importante da função de solvente da água é que há facilitação da passagem de nutrientes extracelulares para dentro das células, quando eles são dissolvidos nela, auxiliando, assim, no transporte de substâncias intra e extracelulares.

Ainda se tratando de íons, além do oxigênio, do hidrogênio e do hidróxido, outros íons são encontrados nas células, os quais podem ser chamados de *sais minerais*.

Os sais minerais são substâncias inorgânicas, as quais, diluídas em água, estão sob a forma de íons.

No quadro a seguir estão indicadas algumas características e funções dos sais minerais (íons) em nosso organismo, assim como suas porcentagens relacionadas à massa corporal.

Quadro 1.2 Principais elementos químicos do corpo humano, suas porcentagens aproximadas de massa corporal e principais características

Elemento químico	% Massa corporal	Características dos elementos químicos
Cálcio	1,4	O cálcio está presente em grande quantidade no organismo, se comparado a outros sais minerais. Está presente em muitos processos orgânicos, como coagulação sanguínea, liberação hormonal e contração muscular. Além disso, é importante componente dos ossos e dentes, atribuindo para a propriedade de dureza.
Carbono	18,5	Formação de cadeias e anéis que estruturam as moléculas orgânicas, como carboidratos, lipídios, proteínas e ácidos nucleicos (DNA – ácido desoxirribonucleico e RNA – ácido ribonucleico).
Cloro	0,2	É o íon (elemento com carga negativa) presente em maior quantidade no líquido extracelular e é utilizado para o equilíbrio aquoso.
Enxofre	0,3	Compõe algumas proteínas e algumas vitaminas presentes no organismo.

(continua)

(Quadro 1.2 – continuação)

Elemento químico	% Massa corporal	Características dos elementos químicos
Ferro	0,1	Está presente na composição de algumas enzimas e, principalmente, na hemoglobina, auxiliando no transporte de oxigênio sanguíneo.
Fósforo	1,0	O fosfato é importante componente da estrutura da adenosina trifosfato (ATP) e dos nucleotídeos do DNA e do RNA. Está presente nas moléculas de ATP e nos ácidos nucleicos. É um importante elemento estrutural dos ossos e dos dentes.
Hidrogênio	9,5	É um elemento da constituição da água e da maioria das moléculas orgânicas.
Iodo	0,1	Faz parte dos hormônios da tireoide.
Magnésio	0,1	O magnésio possui as funções de atuar em inúmeras reações enzimáticas, no metabolismo de cálcio e na produção de vitamina D. Está presente em grande parte das enzimas e outras moléculas que aceleram as reações químicas.
Nitrogênio	3,1	Compõe as moléculas de proteínas e de ácidos nucleicos.
Oxigênio	65,0	Faz parte da composição da água e de inúmeros compostos químicos orgânicos. Participa das reações químicas para formação de moléculas de ATP e é usado pelas células para armazenamento de energia.
Potássio	0,4	O potássio, junto com o sódio, forma a bomba de sódio e potássio[1], utilizada no funcionamento das células nervosas. Suas outras funções orgânicas são produzir proteínas e glicogênio, controlar níveis de pH e água no organismo. É um dos elementos (cátions) mais presentes no líquido intracelular e é necessário para que os impulsos nervosos e contração muscular ocorram.

---

[1] Bomba de sódio e potássio é um tipo de transporte ativo das células, com deslocamento específico de sódio e potássio.

(Quadro 1.2 – conclusão)

Elemento químico	% Massa corporal	Características dos elementos químicos
Sódio	0,2	O sódio tem participação na absorção de aminoácidos, glicose e água. Junto com o potássio, forma a bomba de sódio e potássio, utilizada no funcionamento das células nervosas. É o cátion (elemento com carga positiva) presente em maior quantidade no líquido extracelular e é um dos elementos responsáveis pelo equilíbrio aquoso, além de sua utilização nos impulsos nervoso e na contração muscular.
Zinco	0,1	O zinco participa em reações químicas e é importante devido à sua relação com a resposta imune do organismo; além das funções neurológicas, da síntese hormonal e da estruturação proteica. O zinco também está relacionado com o controle glicêmico, por fazer parte da composição da insulina.

Fonte: Elaborado com base em Tortora; Grabowski, 2002, p. 23.

Assim sendo, podemos considerar os sais minerais, que são elementos inorgânicos, como tendo funções importantíssimas no organismo, utilizados na constituição dos ossos, na ativação das fibras de actina e miosina durante o processo de contração muscular e na facilitação de impulsos nervosos.

Essas substâncias são fundamentais para o funcionamento e a manutenção do organismo e a sua falta pode levar à falência dos órgãos e sistemas, causando doenças e, até mesmo, a morte. Para que isso não ocorra, é necessário que se tenha uma alimentação balanceada, rica em sais minerais, pois essas substâncias não são sintetizadas pelo corpo, necessitando, assim, serem obtidas por meio de dieta balanceada.

1.3 Componentes orgânicos: glicídios, lipídios e proteínas

Os glicídios, carboidratos, sacarídeos ou açúcares $(CH_2O)n$, em sua estrutura mais simples, são macromoléculas constituídas por uma molécula de carbono (C), duas moléculas de hidrogênio (H_2) e uma molécula de oxigênio (O) (Carvalho; Recco-Pimentel, 2019).

Esses hidrocarbonetos, que são moléculas formadas por átomos de hidrogênio e carbono, são divididos em três diferentes classes, de acordo com sua constituição e o tipo de ligação, como podemos observar no quadro a seguir.

Quadro 1.3 Tipos de carboidratos, suas características e exemplos

Tipo de carboidrato	Características	Exemplos
Monossacarídeos	São carboidratos simples, constituídos por apenas uma unidade de poliidroxialdeídos (cetonas) e são classificados de acordo com o número de átomos de carbono.	Glicose (Figura 1.5) e frutose
Dissacarídeos (oligossacarídeos)	Carboidratos constituídos por dois monossacarídeos unidos por ligações glicosídicas.	Sacarose e Lactose (Figura 1.6)
Polissacarídeos	Carboidratos complexos, formados por inúmeros monossacarídeos, unidos por ligações glicosídicas.	Celulose, amido e glicogênio (Figura 1.7)

Fonte: Elaborado com base em Tortora; Grabowski, 2002, p. 38.

Entre os diversos tipos de carboidratos, a glicose é um exemplo de monossacarídeo muito consumido na dieta humana. Na figura a seguir podemos observar a fórmula molecular da glicose.

Figura 1.5 Molécula de glicose

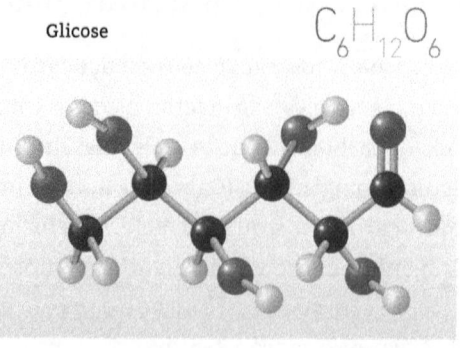

A seguir podemos observar a fórmula de uma molécula de sacarose, que é um dissacarídeo (oligossacarídeo).

Figura 1.6 Molécula de sacarose

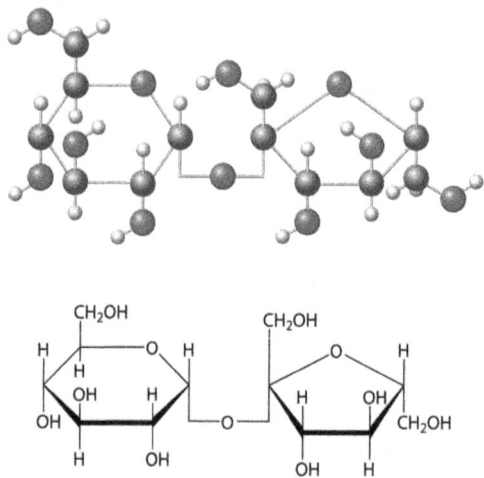

Outro carboidrato citado, o glicogênio, é uma importante fonte de energia para o organismo animal que deve ser consumido, pois não há produção pelo próprio organismo. A seguir podemos observar a fórmula da molécula de glicogênio.

Figura 1.7 Molécula de glicogênio

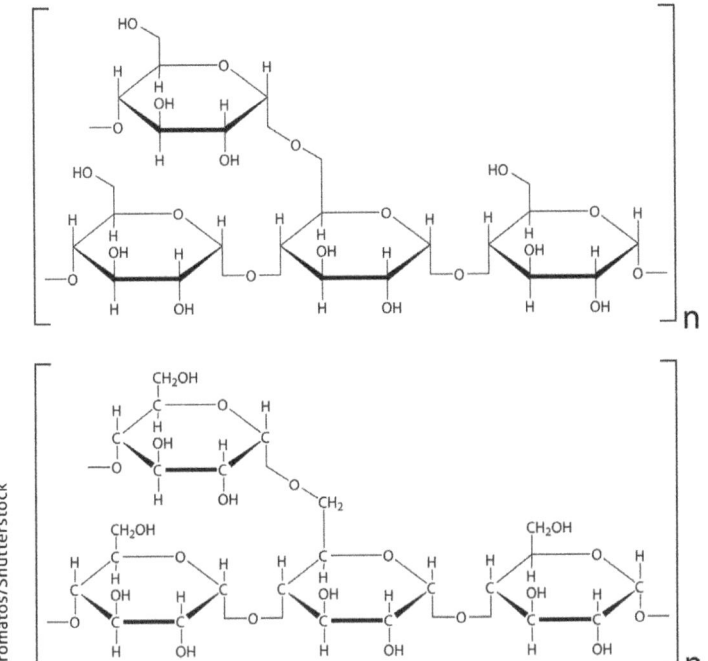

Além da função energética, o carboidrato possui função estrutural, com a relação estrutural dos ácidos nucleicos. A quitina – do exoesqueleto dos artrópodes – e a celulose – parede da célula vegetal – são exemplos da função estrutural dos carboidratos.

Os lipídios, que também fazem parte da composição celular, são compostos químicos com estrutura molecular de diferentes formas e caracterizados por terem baixa solubilidade em água e serem muito solúveis em álcool e éter, considerados solventes orgânicos. Esses componentes orgânicos podem ser sintetizados por todos os seres vivos; entretanto, alguns tipos de lipídios só são sintetizados por plantas, entre eles, os ácidos graxos essenciais e as vitaminas lipossolúveis.

Os lipídios são divididos em óleos e gorduras e podem ser de origem vegetal ou animal. Além disso, podem ser classificados em três diferentes grupos, quais sejam: 1) ácidos graxos; esteroides; 3) terpenoides (Carvalho; Recco-Pimentel, 2019).

Entre as principais funções dos lipídios, podemos citar a reserva de energia, componente das membranas plasmáticas, transporte de nutrientes lipossolúveis, isolante, facilitador de condução nervosa e precursor de hormônios.

As proteínas são macromoléculas formadas por aminoácidos (Paoli, 2014). Segundo Tortora; Grabowski (2002), a proteína, estruturalmente, é organizada em quatro níveis, sendo eles:

1. **Estrutura primária** – Sequência de aminoácidos dispostos linearmente, em constituição de cadeia polipeptídica.
2. **Estrutura secundária** – Dependendo da posição dos aminoácidos e da estabilização das pontes de hidrogênio, há uma forma geométrica distinta (a hélice, a lâmina pregueada, os folhetos e o giro).
3. **Estrutura terciária** – Há estabilização da estrutura secundária devido a interações hidrofóbicas, ligações dissulfeto, forças de Van Der Waal (atração entre as moléculas) e interações iônicas, originando proteínas fibrosas ou globulares.
4. **Estrutura quaternária** – Resultado da combinação de dois ou mais polipeptídeos, denominados *subunidades*, os quais dão origem a moléculas de grande complexidade.

A seguir, na Figura 1.8, estão representados os níveis estruturais das proteínas.

Figura 1.8 Representação dos quatro níveis estruturais das proteínas

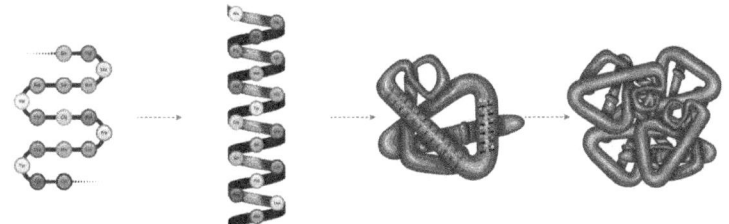

Estrutura primária (resíduo de aminoácido) | Estrutura secundária (hélice A) | Estrutura terciária (cadeia polipeptídica) | Estrutura quaternária (subunidades agrupadas)

As proteínas estão presentes na membrana plasmática das células, e uma das suas funções é o transporte de substâncias entre o interior da célula e o meio extracelular. Além disso, as proteínas também possuem outras funções celulares, como adesão, reconhecimento, recepção de membrana, função de ancoragem e ação enzimática (Paoli, 2014).

1.4 Componentes orgânicos: enzimas, ácidos nucleicos e vitaminas

Enzimas são proteínas cuja principal função celular é de catalisadores biológicos (Figura 1.8), ou seja, trata-se de um componente químico que altera o processo metabólico (reações químicas do corpo), reduzindo a energia de ativação necessária para que uma reação ocorra, de acordo com a necessidade do organismo (Carvalho; Recco-Pimentel, 2019).

Existem algumas enzimas que não são de origem proteica, as denominadas *RNA catalíticas*.

Figura 1.9 Representação de uma reação química com e sem catalisador

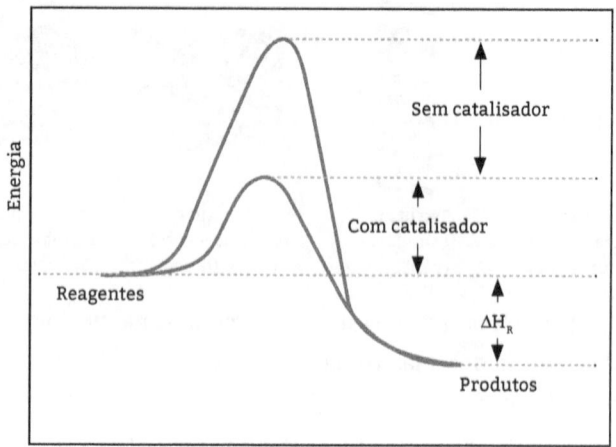

Algumas enzimas não necessitam de outras moléculas para sua ação; outras precisam se ligar a íons inorgânicos ou a coenzimas, ou podem, ainda, se ligar aos dois tipos ou sofrer alterações por processos de glicosilação[2] e fosforilação[3].

Cada enzima está relacionada com uma determinada reação e, para isso, possui uma região específica de ligação – o sítio ativo. Dessa maneira, a enzima se liga ao substrato e, terminada a reação, ela se solta para uma nova ligação, conforme podemos observar na Figura 1.10, a seguir.

---

[2] *Glicolização* é a modificação mais comum da proteína, com a adição enzimática de um açúcar a uma outra molécula orgânica, que ocorre após o processo de tradução (Paoli, 2014).

[3] *Fosforilação* é um processo de regulação proteica que ocorre pela adição de um grupo fosfato (PO_4) a uma proteína ou outra molécula (Paoli, 2014).

Figura 1.10 Representação das ligações enzimática

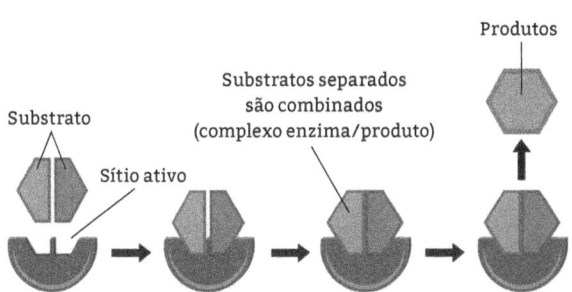

A enzima age de forma direcionada, para que o substrato não colida de forma aleatória, o que aumenta a eficiência reativa. Além disso, pode haver diminuição da energia de ativação. A regulação da atividade enzimática pode ser controlada pela própria enzima ou de acordo com o substrato que se liga a ela.

A ação enzimática está presente nos processos de digestão e contração muscular, por exemplo.

Os ácidos nucleicos estão presentes nos organismos vivos, em forma de ácido desoxirribonucleico (DNA) e ácido ribonucleico (RNA), que são responsáveis pela transmissão e tradução da informação genética, conforme indicado na Figura 1.11, a seguir.

Figura 1.11 Representação das moléculas de RNA e DNA

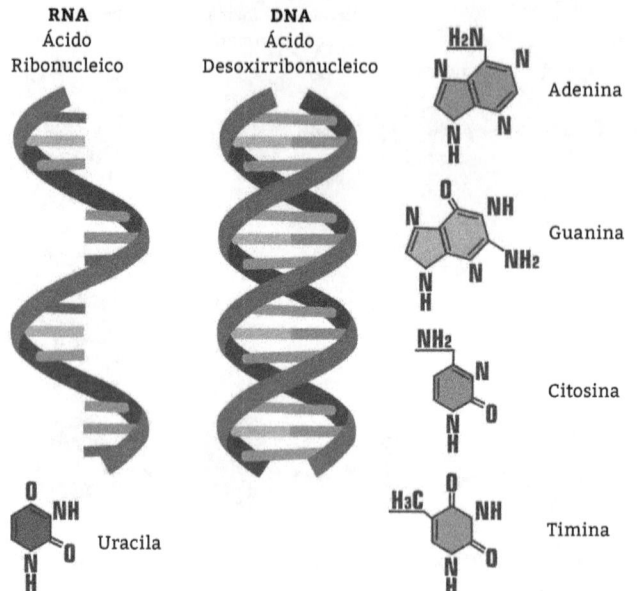

Os ácidos nucleicos podem, também, atuar como moléculas carregadoras de energía, como a adenosina trifosfato (ATP), e como sinalizadores específicos na célula.

As vitaminas fazem parte dos componentes orgânicos da célula e não são sintetizadas pelo próprio organismo, necessitando, assim, que sejam ingeridas por meio da alimentação. As vitaminas são importantes para os processos bioquímicos e atuam, assim com as enzimas, como catalisadores orgânicos. Elas são divididas em dois grupos: 1) vitaminas lipossolúveis (solúveis em gordura); e 2) vitaminas hidrossolúveis (solúveis em água).

1.5 Células procariontes e eucariontes

As células podem ser denominadas *procariontes* ou *eucariontes*, dependendo da presença ou não de envoltório nuclear (Junqueira; Carneiro, 2013). As células procariontes são aquelas que não possuem envoltório nuclear para delimitar o material genético (Paoli, 2014). Essas células também não possuem organelas membranosas e citoesqueleto. Podemos citar como exemplo de células procariontes as bactérias e as algas azuis.

Já as células eucariontes possuem diferentes compartimentos em seu interior, permitindo que tenham maior tamanho e eficiência metabólica (Paoli, 2014). Protozoários, fungos, plantas e animais são exemplos de organismos em que são encontradas as células eucariontes.

Na figura a seguir, podemos observar a diferença estrutural entre uma célula procarionte e uma célula eucarionte.

Figura 1.12 **Representação das células procarionte e eucarionte**

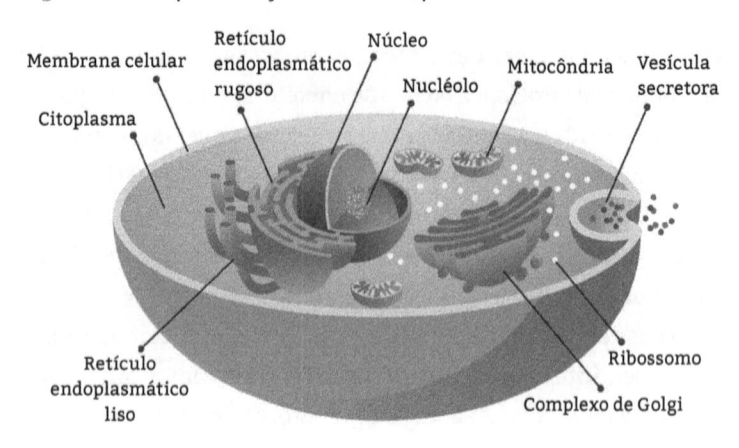

- Membrana celular
- Citoplasma
- Retículo endoplasmático rugoso
- Núcleo
- Nucléolo
- Mitocôndria
- Vesícula secretora
- Retículo endoplasmático liso
- Ribossomo
- Complexo de Golgi

Célula eucarionte

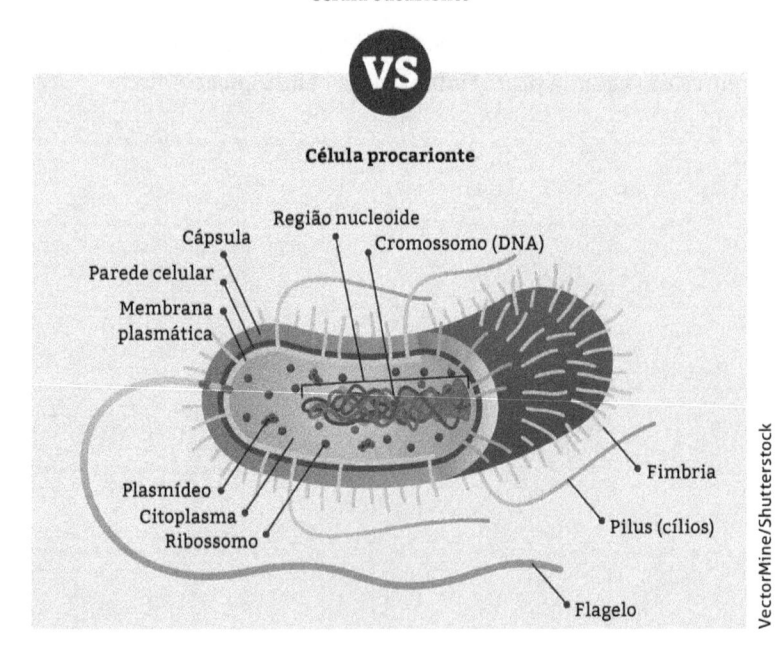

VS

Célula procarionte

- Cápsula
- Parede celular
- Membrana plasmática
- Região nucleoide
- Cromossomo (DNA)
- Plasmídeo
- Citoplasma
- Ribossomo
- Fimbria
- Pilus (cílios)
- Flagelo

VectorMine/Shutterstock

▌ *Síntese*

Neste capítulo foi possível visualizar as discussões existentes em torno da importância de se estudar e obter conhecimento sobre a célula e seu funcionamento. Exploramos, no início do capítulo, como surgiu a denominação *célula* e como os primeiros estudiosos fizeram o seu reconhecimento.

Destacamos que as células são formadas por diferentes estruturas e componentes, possuem diferentes funções em um ambiente ou em um organismo e que componentes químicos, inorgânicos e orgânicos, como água, sais minerais, glicídios, lipídios, proteínas, enzimas, ácidos nucleicos e vitaminas, fazem parte de sua formação.

Em seguida todos os componentes químicos das células foram abordados detalhadamente em relação à estrutura e função.

Por fim, tratamos da divisão e das características das células procariontes (células que não apresentam núcleo em sua estrutura) e eucariontes (células que possuem um ou mais núcleos em sua estrutura).

▌ *Indicações culturais*

Assista ao documentário *A célula humana*, o qual explica a estrutura das células e como elas atuam no organismo humano.

A CÉLULA HUMANA. Direção: Mike Davis. EUA: BBC, 2009. 58 min. Disponível em: <https://www.dailymotion.com/video/xv5l4i>. Acesso em: 28 mar. 2021.

▪ *Atividades de autoavaliação*

1. Segundo a teoria celular de Mathias Schleiden e Theodor Schwann, citados por Paoli (2014), todos os seres vivos são formados por células, as quais são consideradas:
   a) importantes para a fotossíntese do organismo animal.
   b) as unidades básicas da vida.
   c) seres vivos pluricelulares.
   d) componentes inorgânicos do organismo animal.
   e) componentes químicos dos vegetais.

2. As células são formadas por:
   a) uma membrana plasmática, podem não conter núcleo (procariontes) ou possuir núcleo (eucariontes), plasma e organelas citoplasmáticas.
   b) microorganismos e uma parede plasmática, formada por celulose.
   c) vitaminas, sais minerais e finos cortes de cortiça.
   d) uma membrana plasmática, nucleotídeos e capilares sanguíneos.
   e) duas membranas plasmáticas, citoplasma e água.

3. A água corresponde a cerca de 80% da composição celular; em seguida, as substâncias inorgânicas correspondem à aproximadamente 3% de uma célula e o restante da composição celular é de substâncias orgânicas. Relacione a seguir os componentes químicos com suas substâncias:

   (1) Componentes inorgânicos
   (2) Componentes orgânicos

   ( ) Lipídios
   ( ) Água
   ( ) Proteínas

( ) Sais minerais
( ) Enzimas
( ) Vitaminas

Agora, assinale a sequência correta:

a) 2 – 2 – 2 – 1 – 2 – 1.
b) 1 – 1 – 2 – 2 – 2 – 2.
c) 2 – 1 – 2 – 1 – 2 – 2.
d) 2 – 2 – 1 – 1 – 2 – 1.
e) 1 – 1 – 1 – 2 – 2 – 1.

4. A água, considerada um ótimo tampão de temperatura devido à desigualdade de distribuição de cargas iônicas, é capaz de formar quatro pontes de hidrogênio com outras moléculas de água. Assinale a alternativa que indica uma outra função da água:

a) Isolante térmico
b) Tampão ácido
c) Isolante elétrico
d) Excelente solvente
e) Excelente condutor elétrico

5. Ainda se tratando de íons, além do oxigênio, do hidrogênio e do hidróxido, outros íons são encontrados nas células, os quais podem ser denominados *sais minerais*. Entre eles, podemos citar os cátions ferro, cálcio, sódio, potássio, magnésio e zinco, e os ânions fosfato e iodo. Relacione a seguir os íons com suas características:

1) Ferro
2) Cálcio
3) Sódio
4) Potássio

( ) Atua, também, na contração muscular, na formação óssea e na coagulação sanguínea.

( ) É um dos componentes da hemoglobina do sangue e tem por função transportar oxigênio para as células.

( ) Entre suas funções estão a produção de proteínas e glicogênio e o controle dos níveis de pH e água no organismo.

( ) Tem participação na absorção de aminoácidos, glicose e água.

Agora, assinale a sequência correta:

a) 2 – 3 – 4 – 1.
b) 1 – 2 – 3 – 4.
c) 2 – 1 – 4 – 3.
d) 3 – 1 – 4 – 2.
e) 1 – 4 – 3 – 2.

Atividades de aprendizagem

Questões para reflexão

1. Vimos que as células são formadas por diferentes componentes químicos, inorgânicos e orgânicos. Ter o conhecimento dos componentes da célula e seus constituintes químicos é importante para a compreensão de suas estruturas e funções. Assim sendo, cite e explique as funções das substâncias orgânicas das células.

2. As células podem ser denominadas *procariontes* ou *eucariontes*, dependendo de suas características estruturais. Explique, com base no texto, a diferença entre células procariontes e células eucariontes.

Atividade aplicada: prática

1. Para que você consiga memorizar os componentes orgânicos e inorgânicos das células, faça um quadro, listando cada componente e suas respectivas funções celulares.

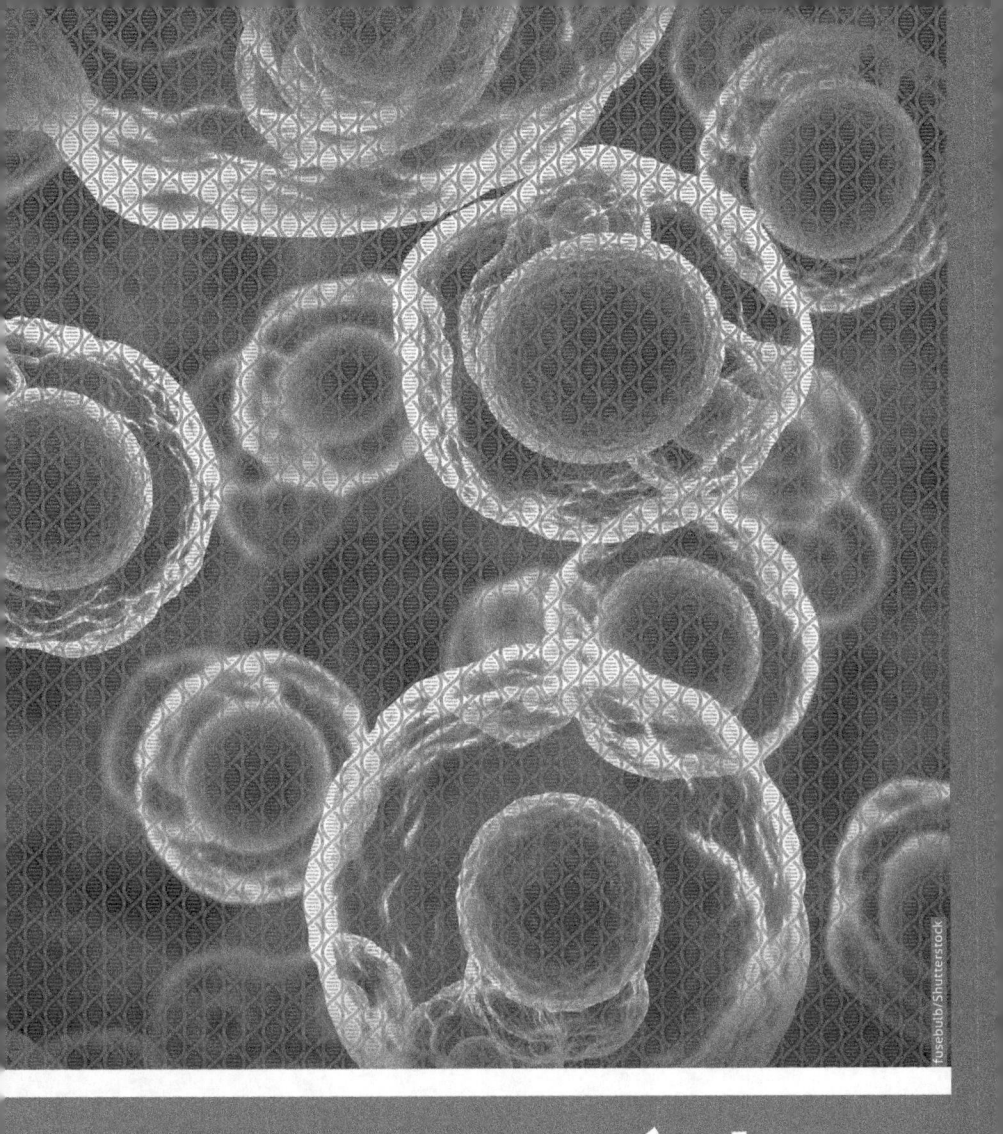

Capítulo 2

Componentes da célula e divisão celular

Já vimos, no capítulo anterior, que as células possuem diversos formatos, tamanhos e funções. Destacamos, também, a diferença entre dois tipos de células, as procariontes (sem a presença de envoltório nuclear) e as eucariontes (com envoltório nuclear).

Assim, as células eucariontes possuem diferentes compartimentos e componentes, que exercem funções distintas. Entre os componentes celulares, podemos citar três principais, que são: a membrana plasmática ou membrana celular (delimita a célula); o citoplasma (manutenção vital da célula); e o núcleo (material genético e controle celular) (Paoli, 2014).

Figura 2.1 Representação dos componentes celulares

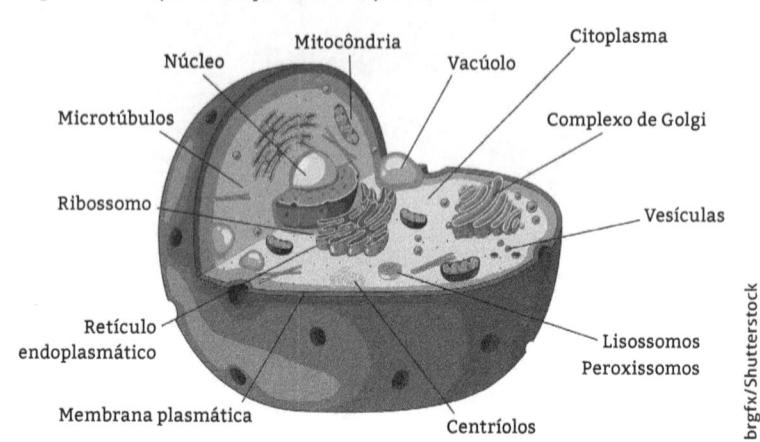

[Figura com legendas: Núcleo, Mitocôndria, Vacúolo, Citoplasma, Microtúbulos, Complexo de Golgi, Ribossomo, Vesículas, Retículo endoplasmático, Lisossomos, Peroxissomos, Membrana plasmática, Centríolos]

brgfx/Shutterstock

É no núcleo que ocorre a divisão celular, processo em que a célula-mãe, origina duas ou quatro células-filhas, passando toda as informações genéticas de uma para a outra.

Os organismos pluricelulares, mesmo podendo conter milhões de células, são originados de uma célula única, denominada *célula ovo*. Neste capítulo, a divisão celular será abordada com detalhes, assim como os diferentes componentes celulares.

2.1 Membrana plasmática e citoplasma

A membrana plasmática, também denominada *membrana celular*, é a estrutura formada por duas camadas de lipídio, com proteínas, glicoproteínas, glicolipídios e proteoglicanos, que delimita a célula (Paoli, 2014). Devido a sua espessura, que varia entre 9 e 10 nm, a membrana plasmática pode ser visualizada somente em microscópio eletrônico.

Cooper e Hausman (2007) indicam que a estrutura da membrana plasmática é conhecida como *modelo do mosaico fluido*, proposto por Jonathan Singer e Garth Nicholson em 1972.

Figura 2.2 Estrutura da membrana plasmática: modelo do mosaico fluido

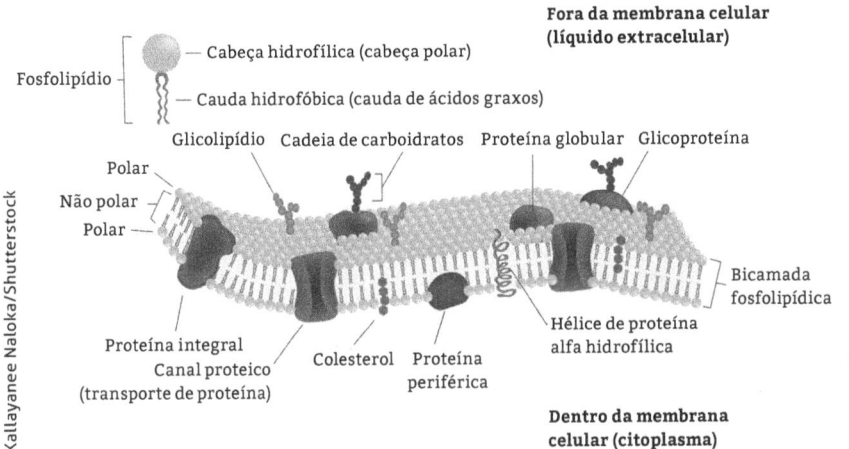

Os fosfolipídios são o principal componente da bicamada lipídica da membrana plasmática. Eles possuem uma porção polar, chamada de *hidrofílica* (a cabeça), e uma porção apolar, denominada *hidrofóbica* (a cauda), como mostra a Figura 2.3. Em meios aquosos, como ocorre nas células, os fosfolipídios se organizam em duas camadas, sendo que a porção hidrofóbica se encontra voltada para o interior da célula e a porção hidrofílica, para a parte externa da célula.

Figura 2.3 Representação da porção hidrofílica (a cabeça) e da porção hidrofóbica (a cauda) dos fosfolipídios

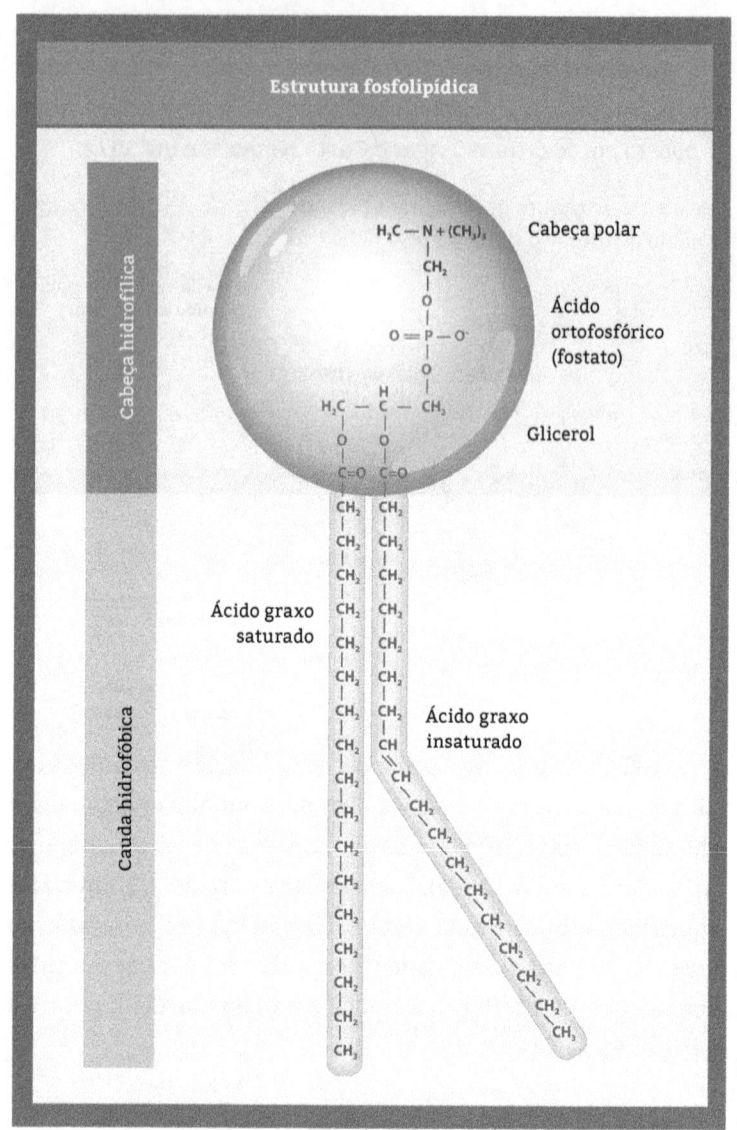

As cadeias de ácidos graxos aumentam a fluidez da membrana e o colesterol aumenta a estabilidade mecânica e diminui a permeabilidade da bicamada lipídica. Já as proteínas da membrana plasmática estão presentes de maneira assimétrica e podem ser classificadas como estruturais, enzimas, ligantes, canais, carreadoras e receptoras.

A membrana plasmática tem como função, além de delimitar e proteger a célula, controlar a entrada e a saída de substâncias. A troca de substâncias entre os meios intra e extracelular pode ocorrer por transporte passivo ou transporte ativo:

- Transporte passivo – Permite a passagem de uma substância pela membrana plasmática, de um meio mais concentrado para um meio menos concentrado. Nesse tipo de transporte, não há gasto de energia celular. Difusão simples, difusão facilitada e osmose são exemplos de transporte passivo.
- Transporte ativo – Ocorre a passagem de uma substância de um meio menos concentrado para um meio mais concentrado. Nesse tipo de transporte, há gasto energético por parte da célula e necessidade de ação das proteínas de transporte. A bomba de sódio e potássio é o exemplo mais conhecido de transporte ativo.

A figura a seguir apresenta alguns exemplos de transporte passivo.

Figura 2.4 Representação de diferentes tipos de transporte pela membrana plasmática

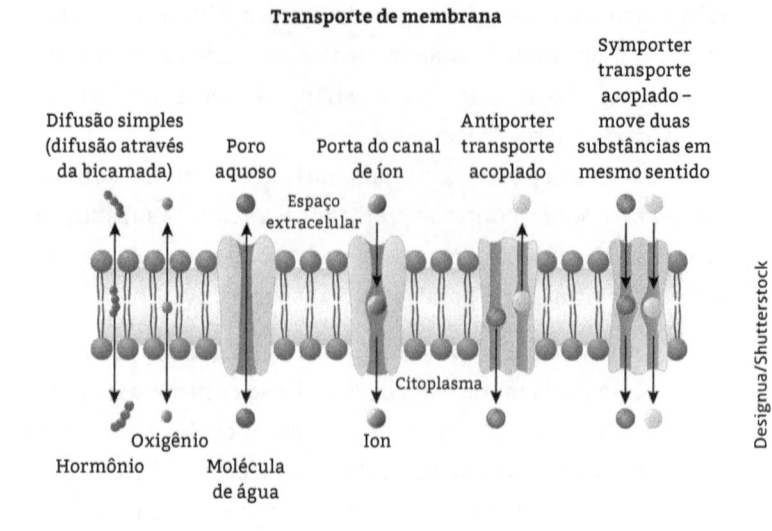

Transporte de membrana

[Figura: Representação esquemática da membrana plasmática mostrando diferentes tipos de transporte:
- Difusão simples (difusão através da bicamada): Hormônio, Oxigênio
- Poro aquoso: Molécula de água
- Porta do canal de íon: Espaço extracelular, Íon
- Antiporter transporte acoplado
- Symporter transporte acoplado – move duas substâncias em mesmo sentido
- Citoplasma]

Designua/Shutterstock

Na parte interna da célula, há um espaço denominado *citoplasma*, onde são encontradas todas as organelas celulares (mitocôndrias, peroxissomos, lisossomos, ribossomos, cloroplastos, vacúolos, complexo de Golgi, citoesqueleto e retículo endoplasmático liso e rugoso), como podemos identificar na figura a seguir.

Figura 2.5 Representação das organelas do citoplasma celular

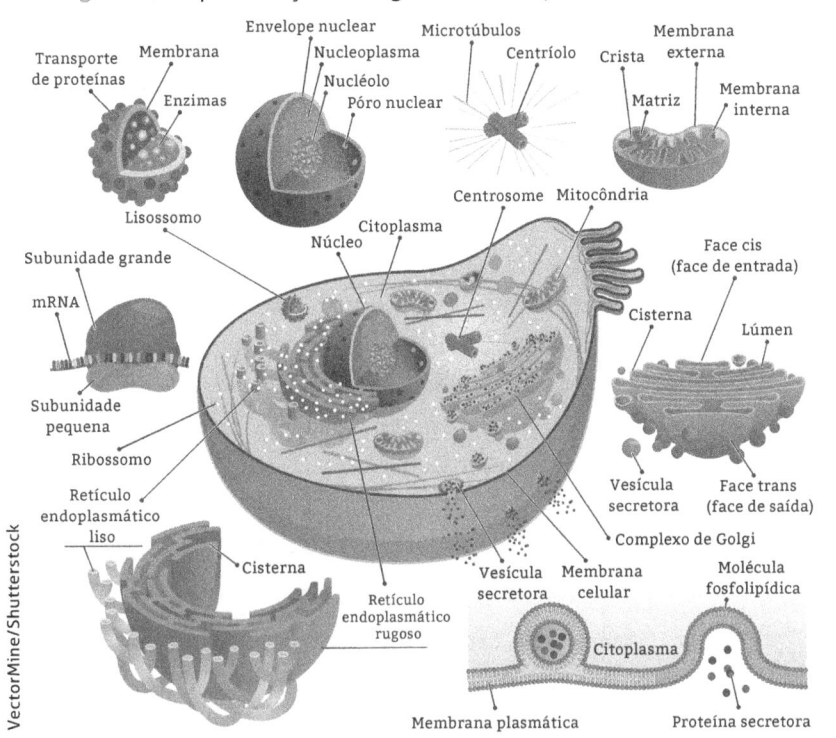

O citoplasma, também denominado *hialoplasma*, *citosol* ou *citoplasma fundamental*, é caracterizado por um fluido viscoso (coloide), constituído por íons dissolvidos em solução aquosa de substâncias como carboidratos e proteínas. É no citoplasma que ocorre a maioria das reações químicas e o armazenamento de substâncias como gorduras e glicogênio.

Na região mais periférica do citoplasma, o fluido é mais viscoso (ectoplasma), enquanto na região mais central o fluido tem consistência mais fina (endoplasma).

2.2 Complexo de Golgi e lisossomos

O *complexo de Golgi* foi assim denominado em homenagem ao pesquisador Camillo Golgi, no século XIX, que descreveu essa estrutura pela primeira vez (Paoli, 2014). Essa organela é constituída por uma série de vesículas achatadas e empilhadas que formam cisternas. As cisternas, que estão localizadas mais próximas ao núcleo, são denominadas *face cis* e a parte que está localizada mais próxima do exterior da célula é chamada de *face trans* (Paoli, 2014, Tortora; Grabowski, 2002).

Atrás da face cis saem túbulos interconectados que recebem as vesículas provenientes do retículo endoplasmático. Já após a face trans há a rede trans do Golgi, de onde saem as vesículas de secreção.

Na figura a seguir, podemos observar as estruturas do complexo de Golgi.

Figura 2.6 Representação das cisternas do complexo de Golgi

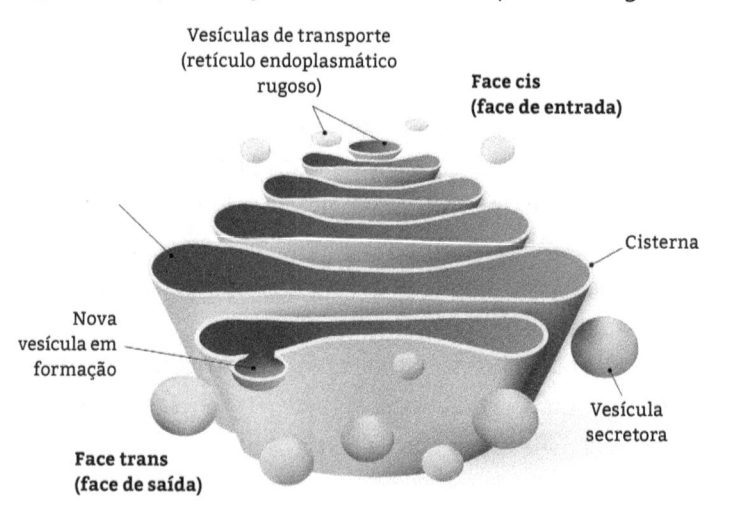

O complexo de Golgi tem como funções celulares o processamento de lipídios e proteínas, o empacotamento e endereçamento de moléculas sintetizadas e a fabricação de macromoléculas. Além dessas funções, o complexo de Golgi tem relação com a fecundação, sendo responsável pela produção de acrossoma, que é uma vesícula encontrada na cabeça do espermatozoide e na qual há enzimas que auxiliam na penetração no ovócito secundário.

Outro tipo de organela presente no citoplasma celular são os lisossomos, que são caracterizados por serem esféricos, membranosos, com enzimas hidrolíticas. As principais enzimas são as peptidases (digestão de aminoácidos), as nucleases (digestão de ácidos nucleicos) e as lipases (digestão de lipídios), as quais são enzimas ativas em pH ácido, que é mantido por H+ATPases (ATP fosfo-hidrolase)[1], que bombeiam H+ para a organela.

A figura a seguir apresenta as estruturas de um lisossomo.

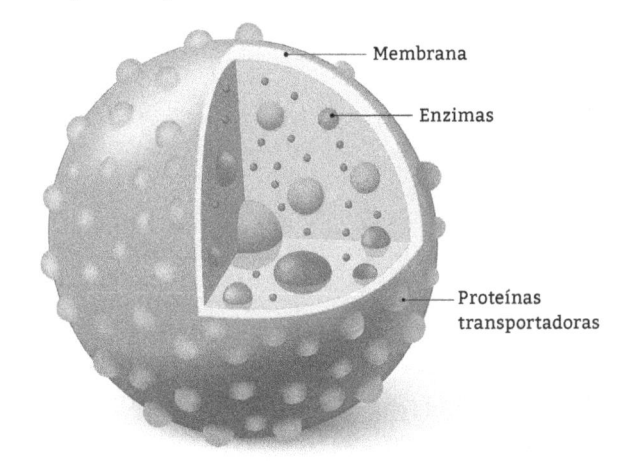

Figura 2.7 Representação de um lisossomo

Os lisossomo podem ser divididos em primários e secundários. Segundo Paoli (2014), os lisossomos primários são mantidos no citoplasma até que ocorra a endocitose (fagocitose – processo em que as células englobam partículas grandes presentes no organismo; ou pinocitose – processo em que as células englobam soluções) e se englobe alguma partícula externa. O lisossomo

---

[1] H+ATPases (ATP fosfo-hidrolase): enzima que catalisa a hidrólise do ATP e permite o armazenamento de íons e moléculas (Battastini; Zanin; Braganhol, 2011).

secundário pode ser considerado um tipo de vacúolo digestivo e é decorrente da fusão entre o lisossomo primário e o endossomo, que é a vesícula formada pela partícula englobada.

Na figura a seguir, podemos observar como ocorre o processo de fagocitose.

Figura 2.8 Representação do processo de fagocitose

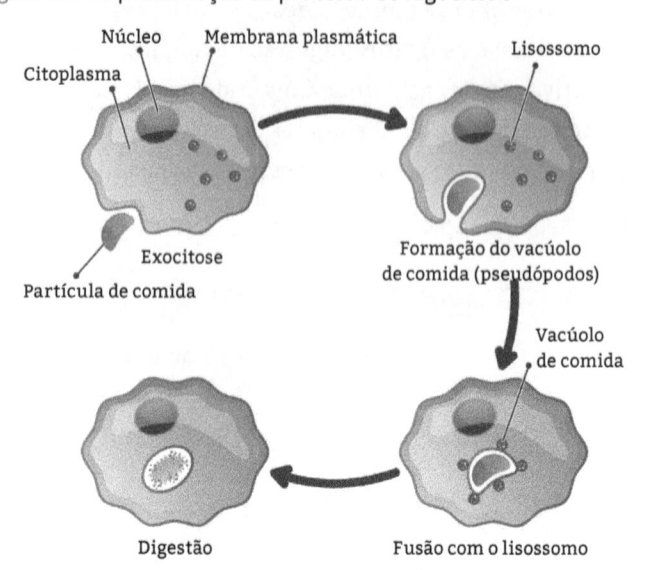

VectorMine/Shutterstock

Além da fagocitose, podemos citar outro processo de digestão celular, a autofagia, que ocorre quando as organelas celulares envelhecem e são recicladas ou quando, para manter a homeostase, a célula faz a digestão de algumas de suas próprias organelas.

2.3 Retículo endoplasmático e núcleo

O retículo endoplasmático é uma estrutura constituída por um sistema de membranas que formam uma rede de canais interligados em forma de túbulos, vesículas e cisternas, lembrando um labirinto. O retículo endoplasmático foi descrito pela primeira vez por Garnier, em 1897 (Montanari, 2016).

A seguir, temos um modelo do retículo endoplasmático.

Figura 2.9 Figura representativa do retículo endoplasmático

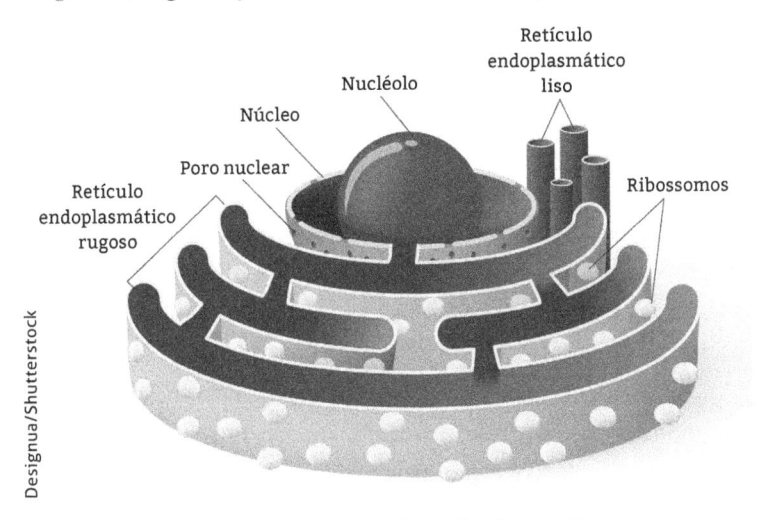

Existem dois tipos de retículo endoplasmático: o rugoso e o liso. O retículo endoplasmático rugoso, também conhecido como *granular*, é aquele associado aos ribossomos, sendo encontrado em maior quantidade nas células. As suas funções são: sintetizar proteínas; participar da glicosilação das glicoproteínas; e produzir fosfolipídios. O retículo endoplasmático liso, ou *agranular*, contém enzimas para sintetizar lipídios, como os fosfolipídios da membrana celular e dos hormônios esteroides. Ele auxilia na hidrólise do glicogênio e na desintoxicação de algumas substâncias químicas e álcool, bem como está envolvido na formação e na reciclagem da membrana. Quando encontrado nas células musculares estriadas, é denominado *retículo sarcoplasmático*, sendo associado à contração muscular.

Uma das estruturas celulares mais importantes, encontrada somente nas células eucariontes, é o núcleo. Essa estrutura foi descoberta por Robert Brown, em estudos em meados de 1833 (Paoli, 2014).

O núcleo é o local onde está o material genético da célula, o ácido desoxirribonucleico (DNA), o qual se encontra enrolado em proteínas básicas, as chamadas *histonas*, formando a cromatina.

Existem dois tipos de cromatina: a heterocromatina, que é condensada e não realiza a transcrição genética, e a eucromatina, que apresenta o DNA não condensado, permitindo a transcrição. É no núcleo, também, onde ocorrem a síntese e o processamento de diferentes tipos de ácido ribonucleico (RNA).

O núcleo é delimitado pelo alvéolo nuclear (carioteca), o qual é formado por duas membranas separadas por um espaço que recebe o nome de *perinuclear*. De acordo com o tipo de célula, o tamanho e o formato do núcleo são variados. Assim, o tamanho e a forma do núcleo variam de acordo com o tipo de célula.

A membrana externa do núcleo está unida ao do retículo endoplasmático e possui ribossomos, enquanto a membrana interna é associada à cromatina e à lâmina nuclear.

A lâmina nuclear possui funções específicas, como organizar o núcleo, regular o ciclo celular e realizar a diferenciação e a expressão genética, além de replicar e transcrever o DNA. Durante a mitose, as lâminas se separam, desintegrando o envoltório nuclear e, ao final do processo de mitose, elas refazem o envoltório nuclear.

As partes do núcleo estão indicadas na figura a seguir.

Figura 2.10 Figura representativa do retículo endoplasmático

Célula nuclear (núcleo)

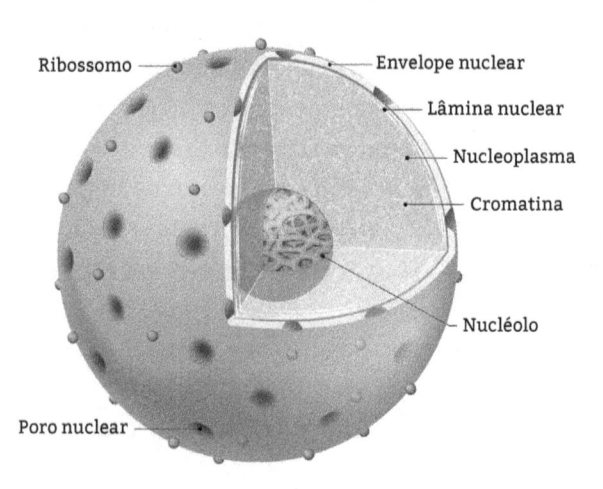

Dentro do núcleo há, ainda, o nucleoplasma (cariolinfa), onde são encontrados os nucléolos e a cromatina, além de enzimas, nucleotídeos, íons e moléculas de adenosina trifosfato (ATP).

O nucléolo é uma formação arredondada, não circundada por membrana, onde ocorre a produção dos ribossomos. Sua função é garantir que o DNA ribossômico (DNAr) seja transcrito em RNAr.

2.4 Mitocôndrias

As mitocôndrias surgiram a partir das bactérias *Eubacterium*, que são células procariontes aeróbias que foram "engolidas" por células eucariontes primitivas.

O aspecto filamentoso e cartilaginoso deu origem ao nome *mitocôndria*, do grego *mitos*, que quer dizer "fio", e *condros*, que significa "cartilagem". As mitocôndrias podem apresentar diferentes tamanhos e formas, como esféricas, alongadas ou pleomórficas (diferentes formas). Além das características morfológicas, o número de mitocôndrias e a localização na célula dependem da necessidade de energia.

A mitocôndria é formada duas membranas lipoprotéicas, sendo que a membrana externa é lisa e a membrana interna invagina-se, ou seja, dobra-se nas cristas, formando pregas (cristas mitocondriais). O compartimento entre as duas membranas é o espaço intermembranoso. Limitada pela membrana interna, há a matriz mitocondrial, onde são encontradas enzimas, pequenos ribossomos, DNA, RNA e substâncias necessárias à fabricação de algumas proteínas, conforme podemos observar na figura a seguir.

Figura 2.11 Figura representativa de uma mitocôndria

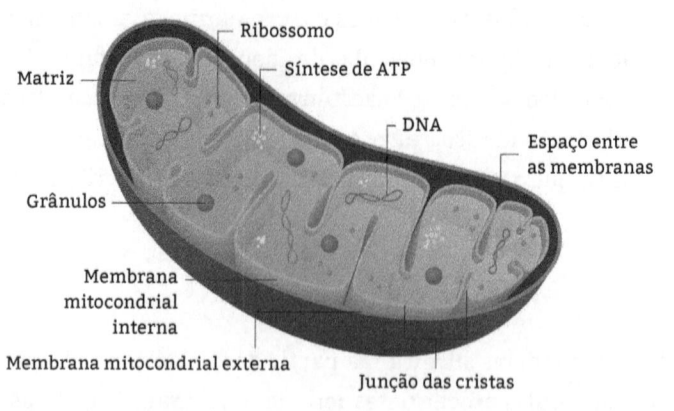

Labels: Matriz, Ribossomo, Síntese de ATP, DNA, Espaço entre as membranas, Grânulos, Membrana mitocondrial interna, Membrana mitocondrial externa, Junção das cristas

LDarin/Shutterstock

As mitocôndrias estão imersas no citoplasma celular e sua principal função é a produção de energia – ATP para as atividades celulares, o que ocorre por meio da oxidação de carboidratos, lipídios e aminoácidos. A reação química entre o oxigênio e os alimentos produz gás carbônico e água, liberando, assim, a energia para a célula. Esse processo é denominado *respiração celular*, a qual está representada na fórmula a seguir:

$$C_6H_{12}O_6 + O_2 \rightarrow 6\ CO_2 + 6\ H_2O + energia$$

Além da produção de energia, as mitocôndrias ainda fazem a regulação da concentração de certos íons no citoplasma.

A geração das mitocôndrias ocorre por fissão, ou seja, a partir de mitocôndrias pré-existentes.

2.5 Divisão celular: mitose e meiose

O ciclo de uma célula é dividido em duas etapas: 1) meiose (interfase); e 2) mitose.

A meiose é o processo com duas divisões celulares e é dividido em duas fases. Na primeira fase da meiose, a prófase (fase inicial da divisão celular) é longa e dividida em cinco estágios:

1. **Leptóteno** – Nessa fase, os cromossomos são longos e finos, associados ao envoltório nuclear.
2. **Zigóteno** – Os cromossomos homólogos, nessa fase, pareiam-se por meio da formação do complexo sinaptonêmico, uma estrutura triplamente partida, que liga os cromossomos um ao outro.
3. **Paquíteno** – Nesse estágio é iniciada a condensação do material genético e ocorre a troca de segmentos entre os cromossomos homólogos, denominada *crossing over* ou *recombinação gênica*.
4. **Diplóteno** – Nessa fase, o complexo sinaptonêmico dissolve-se e os cromossomos homólogos tentam se separar, mas ficam unidos nos locais de quiasma (*crossing over*).
5. **Diacinese** – Na diacinese, os cromossomos estão bastante espiralizados e há o desaparecimento dos quiasmas, do nucléolo e da carioteca; é nessa fase que ocorre a formação do fuso de microtúbulos.

A meiose é dividida em G1, S e G2, sendo que na fase G1 há síntese de RNA, fazendo com que a célula cresça. Na sequência, há duplicação de DNA, que é a chamada *fase S*. Na última fase, a G2, há síntese de RNA e proteínas necessárias para a divisão celular, após ter ocorrido a correta duplicação do DNA.

Na mitose, também denominada *fase M*, a célula é dividida em duas e o material genético, que foi duplicado na meiose, é dividido entre as células-filhas.

A mitose é dividida em quatro fases, sendo elas: 1) prófase I; 2) metáfase I; 3) anáfase I; 4) telófase I. Veremos detalhes de cada fase a seguir.

- **Prófase I** – Há a condensação da cromatina em cromossomos. Como ocorreu a duplicação do DNA na interfase, cada cromossomo possui duas cromátides. As cromátides-irmãs estão unidas pelo centrômero, constituído por heterocromatina com sequências de DNA específicas. Aderido a cada uma das faces externas do centrômero, há o cinetócoro, complexo proteico de estrutura discoide ao qual se fixam os microtúbulos do fuso mitótico. Com a condensação da cromatina, os nucléolos desaparecem. Finalmente, há a desintegração do envoltório nuclear em consequência da fosforilação das lâminas, o que rompe a lâmina nuclear.

- **Metáfase I** – Os cromossomos, ligados aos microtúbulos do fuso, migram para o equador da célula. Na metáfase, há a disposição dos cromossomos homólogos no equador da célula. Os cromossomos interagem com os microtúbulos por meio do cinetócoro, que geralmente está próximo ao centrômero.

- **Anáfase I** – Há a separação das cromátides-irmãs pela degradação das coesinas (complexo proteico) e a sua migração para os polos da célula por meio do deslizamento ao longo dos microtúbulos promovido pelas dineínas (proteínas motoras). Na anáfase, os cromossomos homólogos separam-se e migram para os polos opostos da célula. A segregação aleatória de um membro paterno ou materno de cada par contribui para a variabilidade genética.

- **Telófase I** – Há a descondensação dos cromossomos em cromatina, com reaparecimento do nucléolo. Com a desfosforilação (remoção do grupo fosforila dos aminoácidos) das lâminas, a carioteca é refeita. Há a divisão do citoplasma (citocinese), devido ao anel contrátil de filamentos de actina e às moléculas de miosina II, originando duas células-filhas iguais à célula-mãe. Na telófase, há a descondensação dos cromossomos, a reconstituição do envoltório nuclear e a citocinese. São formadas duas células-filhas, com metade do número de cromossomos da célula-mãe, mas cada cromossomo apresenta duas cromátides.

As quatro fases anteriores, prófase, metáfase, anáfase e telófase, se repetem para que o processo de divisão celular seja concluído. Assim, a segunda etapa de cada fase está descrita a seguir:

- **Prófase II** – A prófase é mais curta e mais simples do que a prófase da primeira meiose (ou, até mesmo, ausente). Nessa segunda prófase, ocorre a condensação da cromatina em cromossomos e o desaparecimento do nucléolo e da carioteca.
- **Metáfase II** – Na metáfase, os cromossomos dispõem-se no equador da célula.
- **Anáfase II** – Na anáfase, as cromátides-irmãs separam-se pela clivagem da coesina e migram para os polos opostos da célula.
- **Telófase II** – Na telófase, há a descondensação dos cromossomos, a reorganização do envoltório nuclear e a citocinese das células em outras duas células-filhas, agora realmente haploides (células que apresentam somente um dos conjuntos de cromossomos), em relação tanto ao número de cromossomos como à quantidade de DNA.

A meiose reduz a quantidade do material genético dos gametas de diploide para haploide e, com a fusão deles na fertilização, a diploidia da espécie é restabelecida. Esse processo proporciona ainda a variabilidade genética por meio da troca de segmentos entre os cromossomos maternos e paternos no *crossing over* e da segregação aleatória desses cromossomos nos gametas.

Todas as fases da meiose e da mitose estão representadas na figura a seguir.

Figura 2.12 Fases da meiose e da mitose

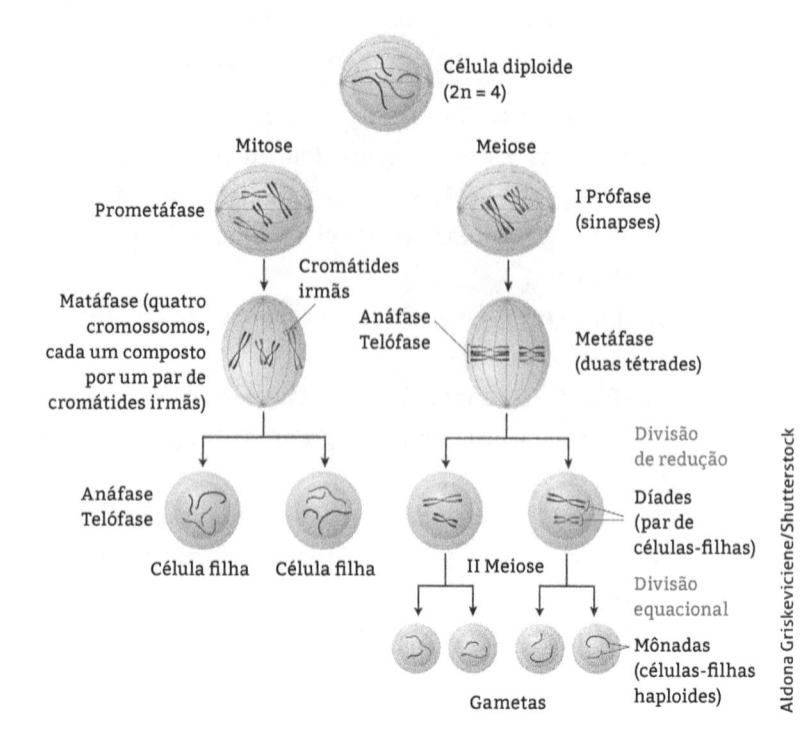

Célula diploide (2n = 4)

Mitose
- Prometáfase
- Matáfase (quatro cromossomos, cada um composto por um par de cromátides irmãs)
- Cromátides irmãs
- Anáfase Telófase
- Célula filha / Célula filha

Meiose
- I Prófase (sinapses)
- Anáfase Telófase
- Metáfase (duas tétrades)
- Divisão de redução
- Díades (par de células-filhas)
- II Meiose
- Divisão equacional
- Gametas
- Mônadas (células-filhas haploides)

Aldona Griskeviciene/Shutterstock

⦀ *Síntese*

Neste capítulo, vimos os diferentes componentes celulares, como a membrana plasmática, o citoplasma, o complexo de Golgi, o lisossomo, o retículo endoplasmático, o núcleo e a mitocôndria.

Foram abordados os tipos de transporte de substâncias que ocorrem entre os meios intra e extracelular, os transportes passivo e ativo, as características e as funções do citoplasma e das organelas que estão mergulhadas nele.

A digestão celular foi descrita por meio dos processos de fagossitose e autofagia, que ocorre quando a célula faz a digestão de algumas de suas próprias organelas.

Verificamos, também, o processo de respiração celular para produção de energia e divisão celular (meiose e mitose), com explicação detalhada das fases (prófase, metáfase, anáfase e telófase).

Indicações culturais

GATTACA: a experiência genética. Direção: Andrew Niccol. EUA: Columbia Pictures, 1997. 106 min.

O filme *Gattaca* aborda as características de uma sociedade formada por indivíduos geneticamente modificados.

NUNES, T. 15 filmes para estudar biologia. **Ponto Biologia**, 24 abr. 2017. Disponível em: <https://pontobiologia.com.br/15-filmes-para-estudar-biologia/>. Acesso em: 29 mar. 2021.

Outra indicação importante é o site *Ponto biologia*, que traz vários filmes que explicam inúmeras questões biológicas.

Atividades de autoavaliação

1. As células eucariontes possuem diferentes compartimentos e componentes, que exercem distintas funções. Os três principais componentes celulares são:
   a) lisossomo, DNA e água.
   b) membrana plasmática, citoplasma e núcleo.
   c) vitaminas, água e sais minerais.
   d) sais minerais, parede citoplasmática e material genético.
   e) celulose, nucleotídeos e RNA.

2. A membrana plasmática tem as funções de delimitar e proteger a célula, controlar a entrada e a saída de substâncias. Assinale a alternativa que nomeia as estruturas que formam a membrana plasmática:
   a) Duas camadas de lipídio, com proteínas, glicoproteínas, glicolipídios e proteoglicanos.

b) Duas camadas proteicas, lipídios, glicoproteínas e nucleotídeos.
c) Duas camadas de celulose, proteínas, lipídios e proteoglicanos.
d) Duas camadas de celulose, capilares proteicos, lipídios e glicídios.
e) Duas camadas de glicídios, capilares lipídicos, glicoproteínas e água.

3. As células possuem diversos formatos, tamanhos e funções. Além disso, há também diferença entre dois tipos de células, as procariontes e as eucariontes. Assim sendo, relacione os dois tipos de células com suas respectivas características:

(1) Célula eucarionte
(2) Célula procarionte

( ) Sem presença de envoltório nuclear
( ) Bactéria
( ) Com envoltório nuclear
( ) Possui membrana plasmática
( ) Núcleo
( ) Célula sanguínea

Agora, assinale a alternativa que contém a sequência correta:

a) 2 – 2 – 2 – 1 – 2 – 1.
b) 1 – 1 – 2 – 2 – 2 – 2.
c) 2 – 2 – 1 – 1 – 1 – 1.
d) 2 – 2 – 1 – 1 – 2 – 1.
e) 1 – 1 – 1 – 2 – 2 – 1.

4. (UFPB – 2008) Os organismos como os cajueiros, os gatos, as amebas e as bactérias possuem, em comum, as seguintes estruturas:

a) Lisossomos e peroxissomos.
b) Retículo endoplasmático e complexo de Golgi.

c) Retículo endoplasmático e ribossomos.
d) Ribossomos e membrana plasmática.
e) Ribossomos e centríolos.

5. A mitose e a meiose são dois processos responsáveis pela divisão celular. Relacione as características corretas da meiose e da mitose:

   (1) Meiose
   (2) Mitose

   ( ) É também denominada *fase M*.
   ( ) É dividida em quatro fases.
   ( ) Processo com duas divisões celulares.
   ( ) A primeira fase, a prófase, é longa e dividida em cinco estágios.

   Agora, assinale a alternativa que contém a sequência correta:
   a) 2 – 1 – 2 – 1.
   b) 1 – 2 – 1 – 1.
   c) 2 – 2 – 1 – 1.
   d) 1 – 1 – 1 – 2.
   e) 1 – 2 – 2 – 1.

Atividades de aprendizagem

Questões para reflexão

1. Vimos, neste capítulo, que a principal função das mitocôndrias é a produção de energia (adenosina trifosfato – ATP) para as atividades celulares, o que ocorre por meio da oxidação de carboidratos, lipídios e aminoácidos. Dessa maneira, explique qual a relação entre a função mitocondrial e os exercícios físicos.

2. O ciclo de uma célula é dividido em duas etapas: a meiose (interfase) e a mitose. Descreva cada uma das etapas da divisão celular.

Atividade aplicada: prática

1. Para que você consiga memorizar os componentes celulares, desenhe uma célula animal e indique, corretamente, suas organelas.

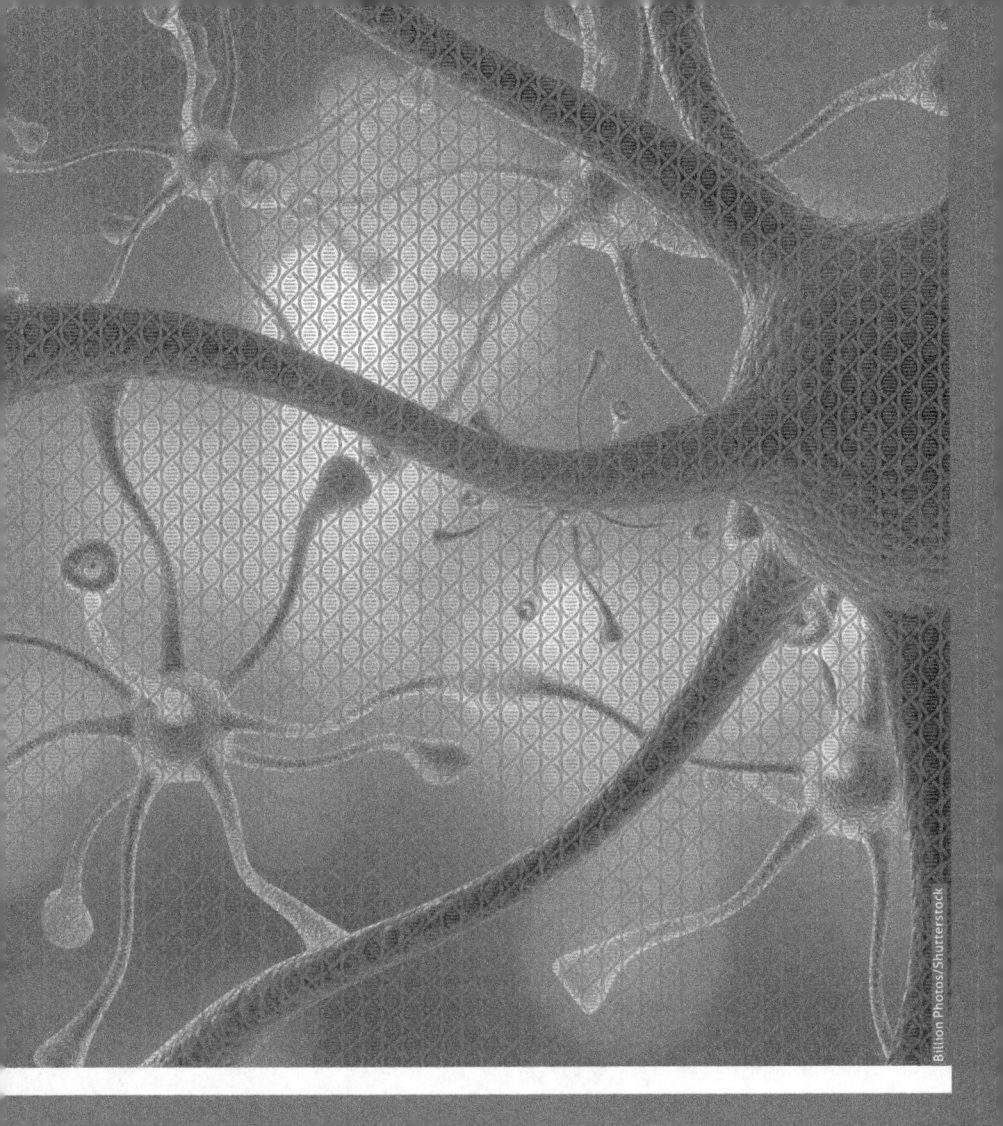

Capítulo 3

Células do tecido nervoso: neurônios e células da glia

O **sistema** nervoso é o principal sistema do organismo, pois é ele o responsável por regular, orientar e comandar todas as funções do organismo (Shumwey-Cook; Woollacott, 2003). O controle das atividades corporais é feito pela transmissão de impulsos nervosos nos mais diversos circuitos neurais (Gomes; Tortelli; Diniz, 2013). Dessa maneira, o sistema nervoso é responsável pela homeostase do organismo.

Nervos e gânglios nervosos são estruturas que formam o sistema nervoso, e os neurônios são as células responsáveis por receber e transmitir os estímulos provindos do meio interno e externo do organismo. O cérebro humano possui cerca de 86 bilhões de neurônios, que são considerados a unidade básica do sistema nervoso. Existem três tipos de neurônios, sendo eles: 1) o neurônio aferente; 2) o neurônio eferente; e 3) o neurônio associativo.

O neurônio aferente (sensitivo) é aquele que leva os estímulos dos receptores sensoriais ao Sistema Nervoso Central (SNC); o neurônio eferente (motores) é responsável por conduzir os estímulos do SNC aos órgãos executores (glândulas e músculos); e os neurônios associativos (interneurônios) são responsáveis por fazerem a ligação entre neurônios sensitivos e motores.

Neste capítulo, serão abordadas as características, as estruturas e as funções das células nervosas, neurônios e células da glia (neuróglias), que são as células suporte aos neurônios, presentes no SNC (Gomes; Tortelli; Diniz, 2013).

3.1 Neurônios: corpo celular e dendritos

Os neurônios são as células responsáveis pela recepção e transmissão dos estímulos, dos impulsos nervosos, por meio das propriedades de excitabilidade e condutibilidade. A excitabilidade é a capacidade da célula nervosa de se adaptar e responder aos estímulos, enquanto a condutibilidade é a propriedade de condução dos estímulos nervosos – os impulsos nervosos.

A unidade básica do SNC, o neurônio, é composto por corpo celular, dendritos, axônio e terminal sináptico (Gomes; Tortelli; Diniz, 2013). O corpo celular e os dendritos serão descritos neste subcapítulo e as demais partes, no subcapítulo a seguir.

O corpo celular, também denominado *pericárdio do neurônio*, é o local onde ocorre a síntese proteica e a conversão das correntes elétricas que são geradas nos dendritos. É no corpo celular do neurônio que se encontra o núcleo, as mitocôndrias e outras organelas – consequentemente, todas as funções celulares.

Já os dendritos são caracterizados por serem prolongamentos especializados em receber e transportar os estímulos nervosos das células sensoriais, dos axônios e de outros neurônios. As extremidades dos dendritos são ramificadas, o que permite que recebam múltiplos estímulos.

A seguir, na Figura 3.1, podemos observar as estruturas do neurônio.

Figura 3.1 Representação das partes de um neurônio

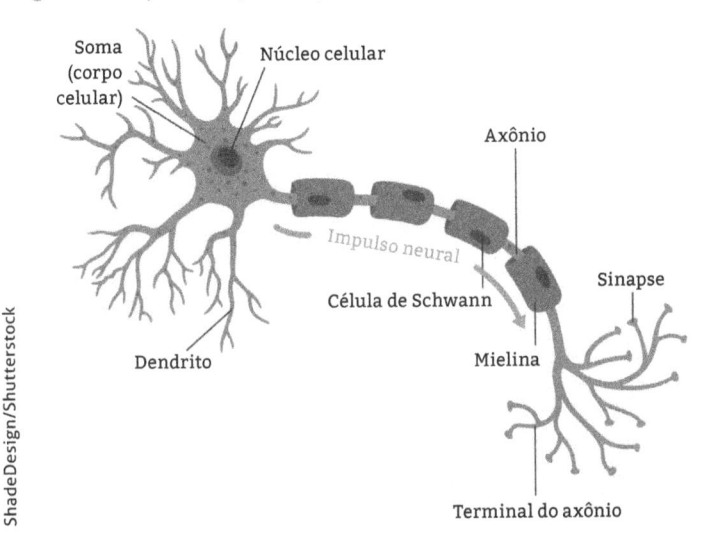

O neurônios apresentam várias formas estruturais, de acordo com a região do corpo da qual fazem parte, as quais caracterizam os seguintes tipos de neurônios:

- **Multipolar** – Encontrado, predominantemente, no SNC e caracterizado por possuir mais de dois prolongamentos celulares.
- **Unipolar** – É o neurônio mais simples, possuindo apenas um axônio e é encontrado em órgãos sensitivos.

- **Bipolar** – Possui apenas um dendrito e um axônio e é encontrado em órgãos sensitivos, como na retina e na mucosa olfatória.
- **Pseudounipolar** – Esse tipo de neurônio, encontrado na medula espinhal, possui somente um prolongamento que sai do corpo celular, o qual se divide em dois ramos, sendo que um assume o papel de dendrito e o outro, de axônio.

Na figura seguir são exemplificados alguns tipos de neurônios.

Figura 3.2 Representação dos diferentes tipos de formas estruturais dos neurônios

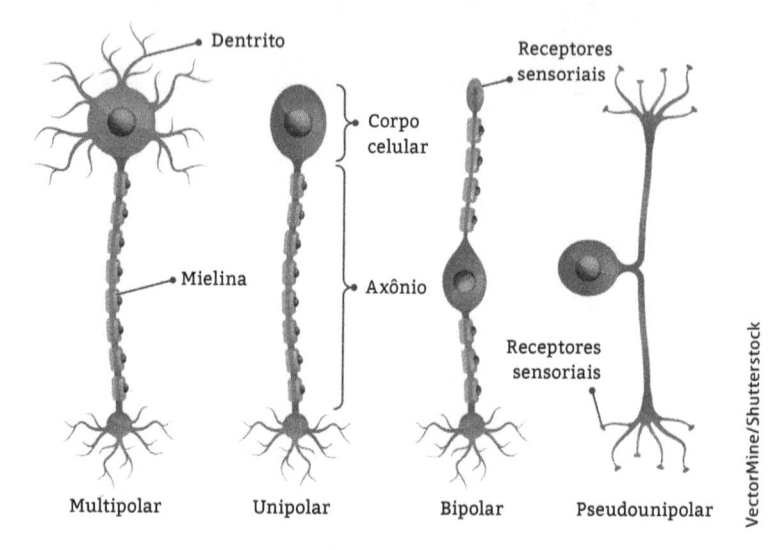

Multipolar   Unipolar   Bipolar   Pseudounipolar

VectorMine/Shutterstock

3.2 Neurônios: axônio e terminal sináptico

Os axônios são os prolongamentos especializados na condução de impulsos nervosos, os quais têm por objetivo transmitir as informações nervosas do neurônio para outras células nervosas, células musculares ou células glandulares. De maneira geral, cada neurônio possui somente um axônio, conforme representado na figura a seguir:

Figura 3.3 Representação do axônio e terminal sináptico

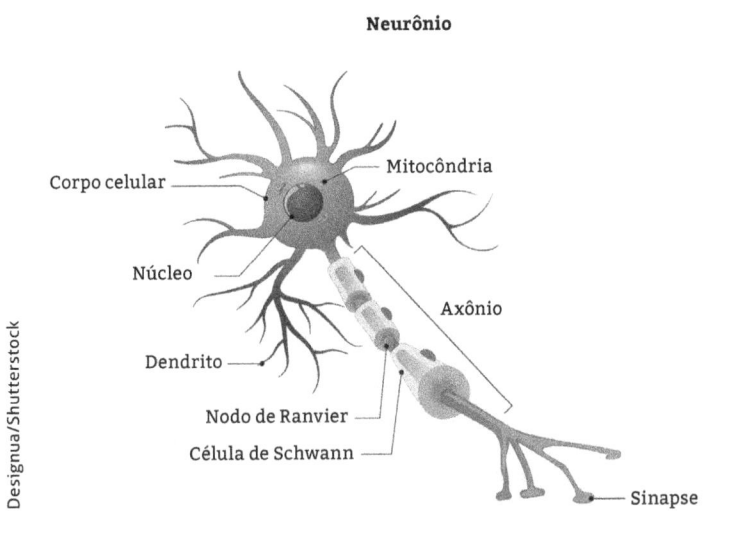

Neurônio

- Corpo celular
- Mitocôndria
- Núcleo
- Axônio
- Dendrito
- Nodo de Ranvier
- Célula de Schwann
- Sinapse

Designua/Shutterstock

Na Figura 3.3 também podemos identificar outra estrutura do neurônio, o terminal sináptico, que é a terminação do axônio. É por ele que as transmissões nervosas ocorrem.

3.3 Células da glia

As células da glia, também denominadas *neuróglias*, são células presentes no SNC, mas que não geram impulsos nervosos, ou seja, não formam sinapses (Montanari, 2016). Entretanto, elas possuem a capacidade de reprodução por mitose. As neuróglias são células que oferecem suporte aos neurônios, dando sustentação, isolamento, nutrição, equilíbrio iônico, remoção de substâncias excretadas e promovendo a fagocitose de restos celulares (Tortora, Grabowski, 2002). Essas células são pequenas e estão presentes em grande quantidade no sistema nervoso, constando aproximadamente dez células da glia por neurônio.

Existem vários tipos de neuróglias, sendo elas: os astrócitos, a micróglia, os oligodendrócitos, a célula de Schwann e as ependimárias (Montanari, 2016; Tortora; Grabowski, 2002). Na figura a seguir estão representadas as células da glia.

Figura 3.4 Representação das células da glia

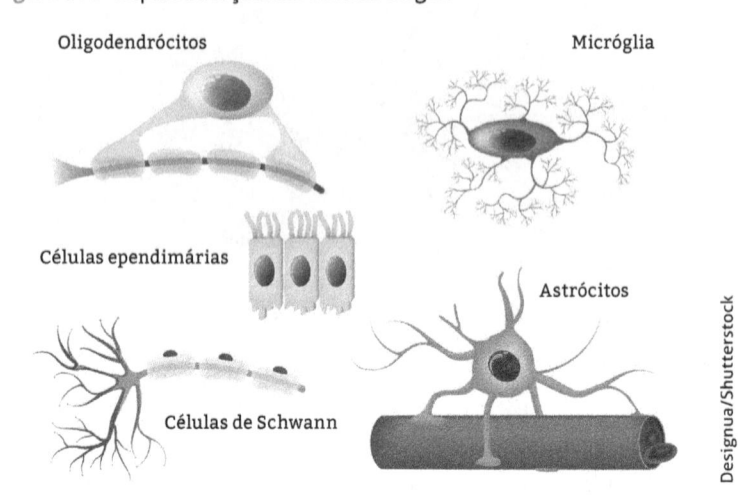

3.3.1 Os astrócitos

São estruturas que têm por função sustentar e auxiliar na composição iônica e molecular do ambiente extracelular dos neurônios. Eles possuem forma de estrela, com inúmeros prolongamentos, sendo encontrados em grande número e sob duas diferentes formas:

1. astrócitos protoplasmáticos, localizados na substância cinzenta;
2. astrócitos fibrosos, localizados na substância branca.

Alguns astrócitos possuem prolongamentos denominados *pés vasculares*. Esses prolongamentos se expandem sobre os capilares sanguíneos e transferem moléculas e íons do sangue para os neurônios, como forma de nutrição.

3.3.2 Oligodendrócitos

Os oligodendrócitos são prolongamentos que se enrolam ao redor do axônio e têm como função serem isolantes elétricos. São os oligodendrócitos que produzem a bainha de mielina (múltiplas camadas de lipídios e proteínas que revestem os neurônios dos mamíferos), que é extremamente importante para o SNC, pois a falta dela no organismo provoca dificuldade na coordenação dos movimentos, decorrente da alteração na condução nervosa (Tortora; Grabowski, 2002).

Além dos oligodendrócitos, podemos destacar também as micróglias, que são pequenas células caracterizadas por apresentarem poucos prolongamentos e representarem o sistema mononuclear fagocitário do SNC. Essas células nervosas são derivadas de precursores trazidos da medula óssea pelo sangue.

3.3.3 Células de Schwann

As células de Schwann têm a mesma função dos oligodendrócitos, porém se localizam em volta do sistema nervoso periférico. Cada célula de Schwann forma uma bainha de mielina em torno de um segmento de um único axônio. Ao contrário, os oligodendrócitos têm prolongamentos por intermédio dos quais envolvem diversos axônio. Essa bainha de mielina atua como isolante elétrico e contribui para o aumento da velocidade de propagação do impulso nervoso ao longo do axônio, porém não é contínua, pois entre uma célula de Schwann e outra existe uma região de descontinuidade da bainha, o que acarreta a existência de uma constrição (estrangulamento) denominada *nódulo de Ranvier* (Montanari, 2016; Tortora; Grabowski, 2002).

3.3.4 Micróglias

As micróglias, também conhecidas como *microgliócitos* ou *células de Hortega*, derivam das células mesodérmicas, de tamanho pequeno, com poucos prolongamentos, e têm por função a imunologia cerebral, ou seja, protegem as demais células do sistema nervoso central de doenças (Tortora; Grabowski, 2002). De acordo com sua função fagocitária, quando há uma lesão ou infecção, a micróglia migra para o local do tecido nervoso lesado, onde engloba os micróbios invasores e remove as células mortas.

3.3.5 Ependimárias

As células ependimárias, também denominadas *ependimócitos*, são "células epiteliais, dispostas em camada única; variam de forma, de cuboides a colunares; muitas são ciliadas" (Tortora; Grabowski, 2002, p. 353). Essas células formam a neuroglia epitelial, ou seja, compreendem o revestimento dos ventrículos encefálicos (localizados entre o teto do cerebelo e a ponte, o bulbo e o assoalho do mesencéfalo) e o canal por onde passa a medula espinhal (Tortora; Grabowski, 2002). Além disso, essas células dão origem ao líquido cefalorraquidiano e são responsáveis por dar auxílio à sua movimentação, visto que algumas delas são ciliadas.

Figura 3.5 Representação da célula de Schwann e bainha de mielina

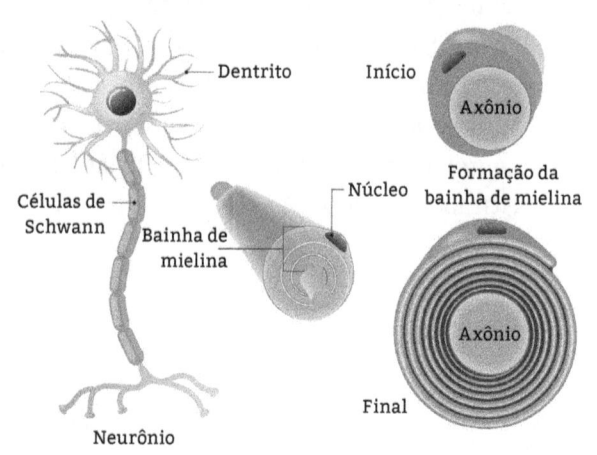

Designua/Shutterstock

ııı *Síntese*

Neste capítulo foram abordadas as características, as estruturas e as funções das células nervosas: neurônios e células da Glia (neuróglias) – estas últimas são as células de suporte aos neurônios presentes no SNC.

Vimos que o neurônio é considerado a unidade básica do sistema nervoso, sendo composto por corpo celular, dendritos, axônio e terminal sináptico. Existem várias formas estruturais de neurônios, de acordo com a região do corpo da qual eles fazem parte.

Além do neurônio, neste capítulo foram descritas as células da glia, ou neuróglias, células que não geram impulsos nervosos, mas que possuem a capacidade de se reproduzir. As neuróglias são células que oferecem suporte aos neurônios, dando sustentação, isolamento, nutrição e equilíbrio iônico, removendo substâncias excretadas e promovendo a fagocitose de restos celulares.

Existem vários tipos de neuróglias, sendo elas os astrócitos, as micróglias, os oligodendrócitos, as células de Schwann e as ependimárias – todas elas foram descritas neste capítulo.

ııı *Indicações culturais*

Indicamos uma reportagem sobre um homem com esclerose múltipla que, mesmo com as dificuldades motoras causadas pela doença, conseguiu concluir o percurso de uma competição de Ironman, cuja prova é composta por 3,8 km de natação, 180,2 km de ciclismo e 42,195 km de corrida. A conquista de Ramón Arroyo virou filme e vem inspirando muitas pessoas com e sem esclerose múltipla.

ELE TEM esclerose múltipla, terminou um Ironman e virou filme no Netflix. **UOL**, Esporte, São Paulo, 22 abr. 2017. Disponível em: <https://www.uol.com.br/esporte/triatlo/ultimas-noticias/2017/04/22/ele-tem-esclerose-multipla-terminou-um-ironman-e-virou-filme-no-netflix.htm?cpVersion=instant-article>. Acesso em: 29 mar. 2021.

■ *Atividades de autoavaliação*

1. Segundo Shumway-Cook e Woollacott (2003), o SNC é o principal sistema do organismo, pois é responsável por regular, orientar e comandar todas as funções do corpo humano Dessa maneira, assinale a alternativa que indica a função geral do SNC sobre o organismo:
   a) Homeostase.
   b) Tampão ácido-base.
   c) Isolante elétrico.
   d) Isolamento térmico.
   e) Receber informações sensoriais.

2. Os neurônios são as células responsáveis pela recepção e transmissão dos estímulos, dos impulsos nervosos, por meio das propriedades de excitabilidade e de condutibilidade. Os impulsos nervosos passam pelas quatro partes que formam o neurônio, que são:
   a) corpo celular, membrana plasmática, citoplasma e canal sináptico.
   b) corpúsculo celular, membrana citoplasmática, dendritos e terminal sináptico.
   c) corpo celular, dendritos, axônio e terminal sináptico.
   d) cápsula de Bowman, dendritos, axônio e fenda sináptica.
   e) corpo caloso, membrana celular, citoplasma e terminal sináptico.

3. As células de Schwann têm a mesma função dos oligodendrócitos e cada uma dessas células forma uma bainha de mielina em torno de um segmento de um único axônio. Assinale a alternativa que indica a localização das células de Schwann:
   a) Nos axônios e no núcleo das células nervosas.
   b) Na base do sistema nervoso central.
   c) Em torno do sistema nervoso periférico.

d) No corpo celular dos neurônios.
e) Na membrana plasmática das células.

4. Existem três tipos de neurônios, sendo eles o neurônio aferente, o neurônio eferente e o neurônio associativo, os quais são responsáveis por receber e transmitir os estímulos provindos do meio interno e externo do organismo. Relacione os tipos de neurônios com suas respectivas funções:

(1) Neurônio aferente
(2) Neurônio eferente
(3) Neurônio associativo

( ) É o neurônio sensitivo – leva os estímulos dos receptores sensoriais ao SNC.
( ) Interneurônio – responsável por fazer a ligação entre neurônios sensitivos e motores.
( ) Também denominado *neurônio motor* – responsável por conduzir os estímulos do SNC aos órgãos executores.

Agora, assinale a alternativa que contém a sequência correta:

a) 2 – 3 – 1.
b) 1 – 3 – 2.
c) 2 – 1 – 3.
d) 3 – 2 – 1.
e) 3 – 1 – 2.

5. (UECE-CEV – 2019 – 2ª fase) O prolongamento geralmente curto e bastante ramificado, responsável por receber a maioria dos impulsos nervosos que chegam aos neurônios, é denominado de:

a) corpo celular.
b) axônio.
c) extrato mielínico.
d) dendrito.
e) Células de Schwann.

■ Atividades de aprendizagem

Questões para reflexão

1. As células de Schwann têm a mesma função dos oligodendrócitos, porém se localizam em volta do sistema nervoso periférico. Cada célula de Schwann forma uma bainha de mielina em torno de um segmento de um único axônio. A bainha de mielina atua como isolante elétrico e contribui para o aumento da velocidade de propagação do impulso nervoso ao longo do axônio. Há algumas doenças que estão associadas à falta de bainha de mielina no sistema nervoso. Explique o que são doenças desmielinizantes e cite alguns exemplos e possíveis tratamentos.

2. Segundo Gomes, Tortelli e Diniz (2013), o controle das atividades corporais é feito pela transmissão de impulsos nervosos nos mais diversos circuitos neurais, e em cada região do corpo são encontrados diferentes formas e estruturas de neurônicos. Desse modo, cite e explique cada tipo de neurônio, de acordo com suas formas estruturais.

Atividade aplicada: prática

1. Realize os exercícios indicados a seguir e explique o que é propriocepção e como essa informação é recebida e processada no sistema nervoso. Além disso, indique qual a importância do treinamento proprioceptivo na reabilitação física e no esporte:
    I. caminhar numa linha reta, com um pé à frente do outro;
    II. caminhar em diferentes tipos de superfícies, como piso duro, colchonete, areia e gramado;
    III. caminhar numa linha reta usando diferentes partes dos pés, como ponta, calcanhares, lado de fora e parte interna.
    IV. de olhos vendados, identificar diferentes objetos.

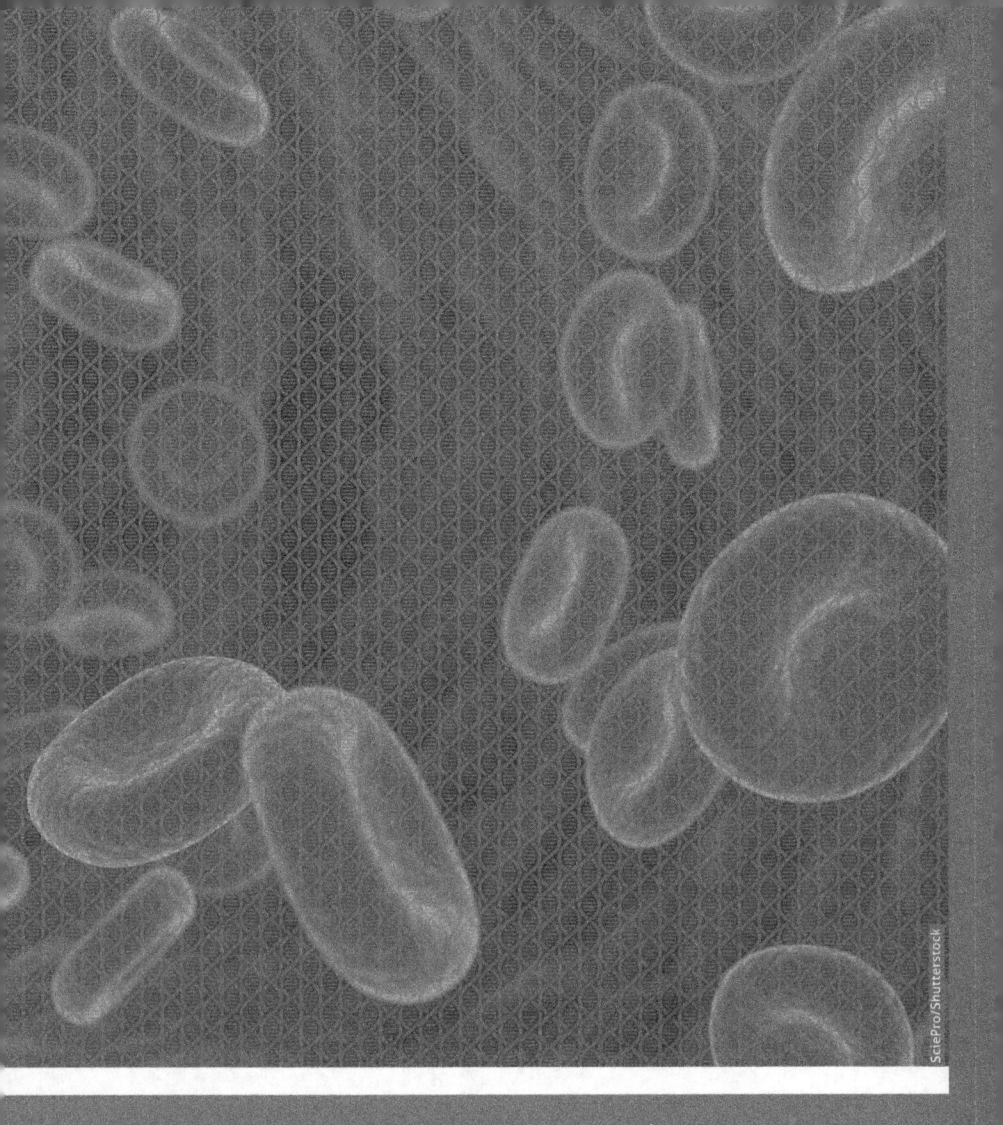

Capítulo 4

Células dos tecidos ósseo, cartilaginoso, conjuntivo, epitelial e sanguíneo

Neste capítulo, iremos abordar cinco diferentes tecidos: 1) ósseo; 2) cartilaginoso; 3) conjuntivo; 4) epitelial; e 5) sanguíneo.

Os ossos dão sustentação e movimento ao corpo (em conjunto com os músculos) e proteção aos órgãos, por seu tecido ser rígido e duro. As células ósseas são os osteócitos, os osteoblastos e o osteoclastos.

A cartilagem é outra estrutura que será abordada neste capítulo. O tecido cartilaginoso é um tipo de tecido conjuntivo especializado, de consistência rígida e tem por função oferecer sustentação de tecidos moles e revestimento das articulações. As células cartilaginosas são divididas em condrócitos e condroblastos.

Já tecido conjuntivo é caracterizado por apresentar diferentes tipos de células, consequentemente, possui várias funções. Abordaremos aqui os diferentes tipos celulares de tecido conjuntivo, assim como suas funções distintas.

O tecido epitelial, por sua vez, é formado por células justapostas e com pouca matriz intracelular e suas duas funções são o revestimento de superfícies e a secreção de substâncias do organismo.

As células sanguíneas serão as últimas do capítulo a serem descritas. Elas são responsáveis pelo transporte de oxigênio e pela proteção do organismo. Iremos aqui ver os tipos de células sanguíneas e suas respectivas funções.

4.1 Células do tecido ósseo

Como indicado na introdução, o tecido ósseo é uma especialização do tecido conjuntivo e tem como função a proteção dos órgãos, a sustentação e o movimento corpo, quando está sendo utilizado em conjunto com os músculos (Marieb; Wilhelm; Mallatt, 2014). Essas funções são decorrentes de o tecido ósseo ser rígido e duro. Existem três tipos de células ósseas: 1) osteócitos; 2) osteoblastos; e 3) osteoclastos (Marieb; Wilhelm; Mallatt, 2014).

- **Osteócitos** – São células em formato achatado, com pouco complexo de Golgi e retículo endoplasmático rugoso. Elas estão presentes nas regiões da matriz, de onde saem pequenos canais, os quais possibilitam a comunicação entre outros osteócitos; esse local é chamado de *lacuna*. Essas células são importantes para a manutenção da matriz óssea e, quando morrem, são absorvidas por essa matriz.
- **Osteoblastos** – São células são responsáveis pela síntese da matriz óssea e sintetizam, especificamente, colágeno tipo I, glicoproteínas, proteoglicanos, osteocalcina (estimula a ação dos osteoblastos) e osteonectina (atua na mineralização e na facilitação da reposição de cálcio). Essas células possuem grande quantidade de mitocôndrias, complexo de Golgi e retículo endoplasmático rugoso. Os osteoblastos são encontrados sobre as superfícies do osso.
- **Osteoclastos** – São as células responsáveis pelo processo de reabsorção óssea, liberando ácidos e enzimas na superfície do osso, digerindo a matriz orgânica e dissolvendo os cristais de cálcio. Estruturalmente, os osteoclastos são células grandes, móveis e com grande quantidade de núcleos. O processo de reabsorção óssea depende da ação dos hormônios calcitonina e paratormônio.

A seguir, na Figura 4.1, estão representadas as imagens das células ósseas descritas.

Figura 4.1 Representação de células ósseas, osteócitos, osteoblastos e osteoclastos

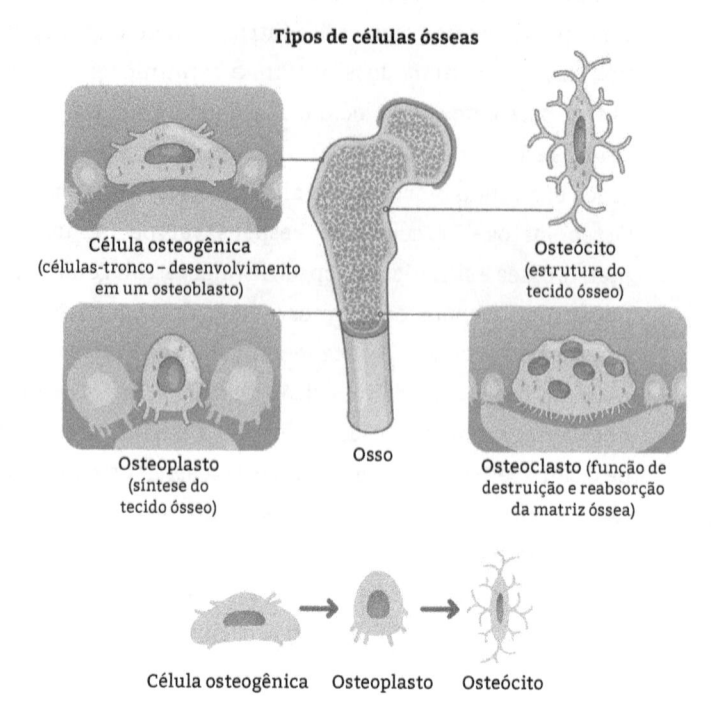

Tipos de células ósseas

Célula osteogênica (células-tronco – desenvolvimento em um osteoblasto)

Osteócito (estrutura do tecido ósseo)

Osteoplasto (síntese do tecido ósseo)

Osso

Osteoclasto (função de destruição e reabsorção da matriz óssea)

Célula osteogênica → Osteoplasto → Osteócito

VectorMine/Shutterstock

4.2 Células do tecido cartilaginoso

O tecido cartilaginoso é um tipo de tecido conjuntivo provido do mesênquima (tecido conjuntivo embrionário da mesoderme). O tecido cartilaginoso tem consistência de borracha (rígida e maleável) e suas principais funções são a sustentação de tecidos moles e o revestimento das articulações (Tortora; Grabowski, 2002).

Na figura a seguir, podemos observar a representação de um tecido cartilaginoso.

Figura 4.2 Representação de um corte microscópico do tecido cartilaginoso

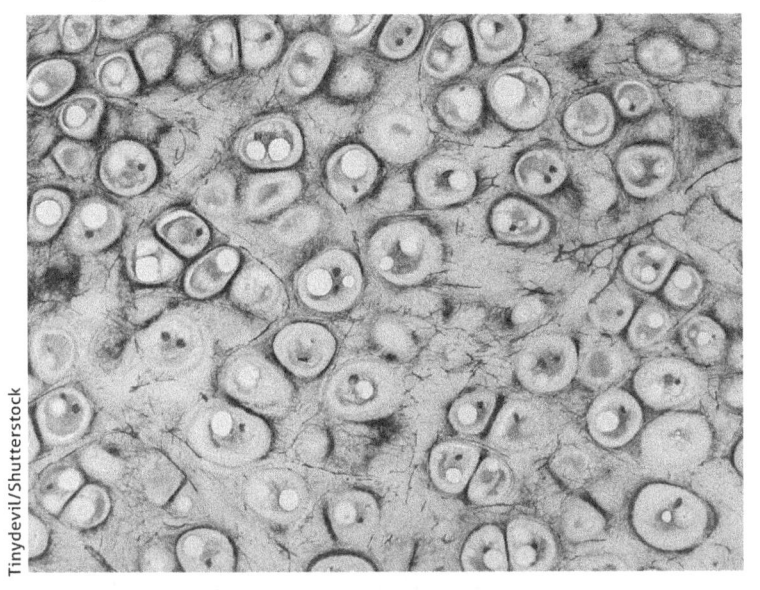

Tinydevil/Shutterstock

Esse tecido é constituído por dois tipos de células: o condrócito e o condroblasto. O condrócito é uma estrutura formada pela retração volumétrica dos condroblastos e fica preso no interior de uma lacuna, formada durante a deposição da matriz óssea (Marieb; Wilhelm; Mallatt, 2014). O condroblasto é caracterizado por ser uma célula jovem, que tem a função de produzir as fibras de colágeno e a matriz cartilaginosa (Marieb; Wilhelm; Mallatt, 2014).

Na figura a seguir, podemos observar, à esquerda, a representação de um condrócito e, à direita, a representação de um condroblasto.

Figura 4.3 **Condrócito e condroblasto**

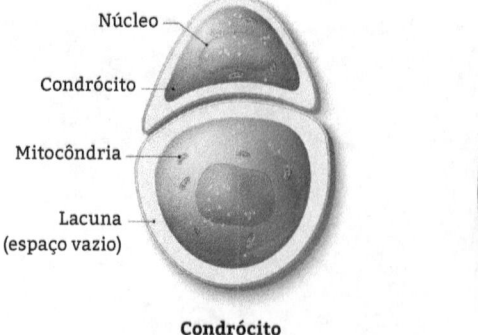

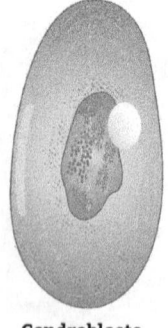

Núcleo
Condrócito
Mitocôndria
Lacuna (espaço vazio)

Condrócito   Condroblasto

De acordo com Marieb, Wilhelm e Mallatt (2014), a cartilagem é dividida em três tipos:

- **Cartilagem hialina** – É o tipo de cartilagem que possui moderada quantidade de fibras de colágeno. Essa cartilagem é a primeira forma do esqueleto de um embrião e é a mais encontrada no corpo humano (discos epifisários, fossas nasais, traqueia etc.).
- **Cartilagem elástica** – Essa cartilagem possui pequena quantidade de colágeno e fibras elásticas em abundância, o que a caracteriza por ter maior mobilidade. A cartilagem elástica é encontrada no pavilhão auditivo, na epiglote, na laringe etc.
- **Cartilagem fibrosa** – Possui grande quantidade de fibras de colágeno e suporta grande pressão. Esse tipo de cartilagem é encontrado nos discos intervertebrais, nos meniscos e na sínfise púbica.

Na figura a seguir, apresentamos exemplos de cartilagem.

Figura 4.4 Cartilagem hialina, cartilagem elástica e cartilagem fibrosa

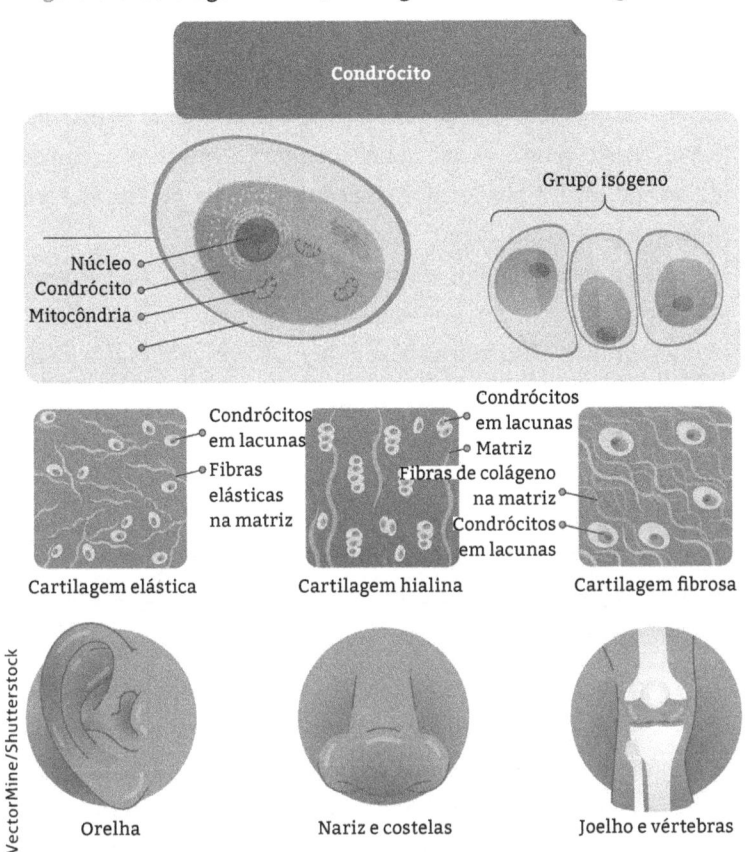

4.3 Células do tecido conjuntivo

As células do tecido conjuntivo são de diferentes tipos em relação à função e à origem. Ele é dividido em *tecido conjuntivo propriamente dito* e *tecido conjuntivo especial*, de acordo com a composição celular e a matriz extracelular.

O tecido conjuntivo é constituído por fibras, formadas por proteínas, as quais transformam as moléculas em polímeros e formam estruturas alongadas (Marieb; Wilhelm; Mallatt, 2014). Os tecidos que possuem fibras de colágeno são fortes e flexíveis. Já as fibras reticulares são aquelas responsáveis pela união do tecido conjuntivo aos tecidos adjacentes. Ambas as fibras apresentam a proteína colágeno na constituição.

Outra substância presente no tecido conjuntivo é a denominada *substância fundamental*, caracterizada por ser viscosa e transparente. Essa substância é formada por polissacarídeos (glicosaminoglicanos), proteínas (proteoglicanos) e proteínas ligadas a glicídios (glicoproteínas) (Marieb; Wilhelm; Mallatt, 2014). Essa substância preenche os espaços intercelulares e sustenta os tecidos.

O tecido conjuntivo propriamente dito é dividido em *tecido conjuntivo frouxo* e *tecido conjuntivo denso* (Marieb; Wilhelm; Mallatt, 2014):

- **Tecido conjuntivo frouxo** – Nesse tipo de tecido conjuntivo, as fibras da matriz extracelular se encontram dispostas de maneira frouxa, o que faz com que ele seja, então, mais flexível. Ele pode ser encontrado no preenchimento dos espaços entre os órgãos e os tecidos, além de servir como ligação entre o epitélio e os tecidos adjacentes.
- **Tecido conjuntivo denso** – Esse tecido possui uma maior concentração de fibras de colágeno, o que o torna menos flexível. Ele é dividido em *modelado* e *não modelado*. No tecido conjuntivo denso tipo modelado, as fibras de colágeno estão dispostas paralelamente aos fibroblastos, enquanto no tecido conjuntivo denso tipo não modelado não há uma distribuição ordenada das fibras. Se trata de um tecido conjuntivo cuja função é sustentar e dar resistência à tração.

Os tecidos conjuntivos especiais são divididos em tecido adiposo, cartilaginoso, ósseo e sanguíneo, conforme podemos observar na figura a seguir.

Figura 4.5 Exemplos de tecido conjuntivo (frouxo, denso e adiposo)

Tecido da parte interna do corpo

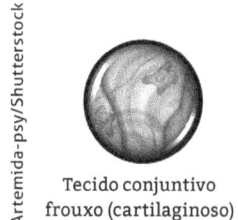

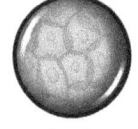

Tecido conjuntivo frouxo (cartilaginoso)

Tecido conjuntivo denso (ósseo)

Tecido adiposo

Artemida-psy/Shutterstock

4.4 Células do tecido epitelial

O tecido epitelial é formado por células justapostas e com pouca matriz intercelular. É encontrado como revestimento de superfícies (permite adesão à matriz extracelular subjacente) e, além disso, tem a função de secretar substâncias (possibilita a passagem de substâncias entre uma célula e outra) (Marieb; Wilhelm; Mallatt, 2014).

Mesmo tendo enervação, o tecido epitelial é avascular, ou seja, não possui suprimento sanguíneo próprio. Assim sendo, a nutrição e a remoção de substâncias tóxicas ocorrem por difusão entre o tecido epitelial e o tecido conjuntivo adjacente, onde se encontram os vasos sanguíneos.

Na figura a seguir, temos um exemplo de células epiteliais.

Figura 4.6 Exemplos de tecido epitelial (colo do útero)

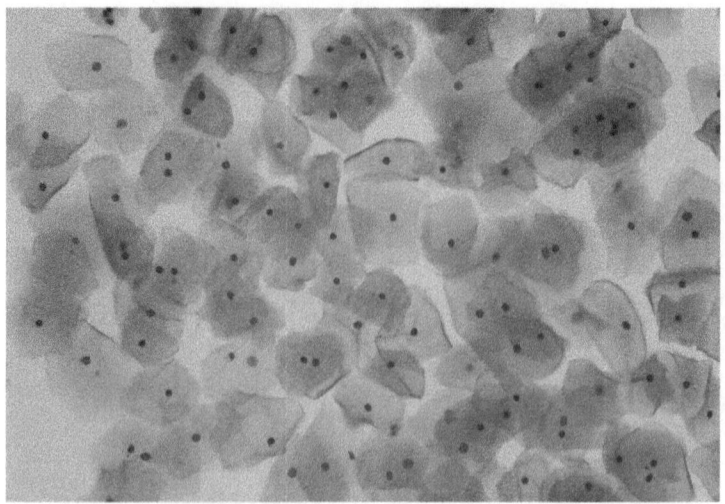

Komsan Loonprom/Shutterstock

As células epiteliais são formadas por proteínas transmembranas de adesão, as *claudinas* e *ocludinas*, termos que, em latim, significam "fechamento". Do lado do citoplasma, as células epiteliais são formadas pelas proteínas ZO-1, ZO-2 e ZO-3, entre outras. Além destas, filamentos de actina se ligam às proteínas periféricas.

Segundo Paoli (2014), as células do tecido epitelial possuem as seguintes estruturas, denominadas *junções celulares*: 1) zônula de oclusão (junção fechada); 2) zônula de adesão (junção aderente); 3) desmossomos; 4) hemidesmossomos; 5) junções comunicantes (junções abertas); e 6) interdigitações.

- **Zônula de oclusão (junção fechada)** – Está localizada no ápice das superfícies laterais da célula, como um tipo de cinto ao seu redor. As proteínas transmembranas se unem aos folhetos externos das membranas das células vizinhas em diferentes pontos, o que impede a passagem de substâncias, contribuindo para a polaridade celular (Paoli, 2014).

- **Zônula de adesão (junção aderente)** – Está localizada em uma região circular da célula, a qual fica abaixo da zona de oclusão. A zônula de adesão é formada pelas proteínas glicoproteínas, cateninas, vinculina e actinina, que interconectam as caderinas aos filamentos de actina, promovendo adesão das células e estabelecendo outras junções que permitem a manutenção da polaridade e o reconhecimento celular (Paoli, 2014).
- **Desmossomos** – São estruturas em forma de disco que, na presença de Ca^{2+} (cálcio) fazem com que as proteínas transmembranas desmogleínas e desmocolinas unam-se às membranas vizinhas, permitindo a adesão das células. Essas estruturas estão presentes em grande quantidade em tecidos que estão sujeitos à estresse mecânico (Paoli, 2014).
- **Hemidesmossomos** – Essas estruturas estão localizadas na base das células epiteliais, assemelham-se à metade de um desmossomo e são constituídas pelas proteínas transmembranas integrinas. A interação entre as proteínas, os filamentos de actina, a miosina II e os microtúbulos, além de outras junções com o citoesqueleto, permitem a adesão celular à matriz extracelular subjacente, o que confere ao tecido resistência ao estresse mecânico. As integrações entre a célula epitelial e a matriz extracelular são importantes para a migração, a diferenciação, a proliferação e a sobrevivência da célula (Paoli, 2014).
- **Junções comunicantes (junções abertas)** – Consistem em canais hidrofílicos, formados por proteínas transmembranas conexinas, as quais formam um arranjo circularmente, o que resulta no *conexon* (canais formados por proteínas transmembranas), o qual, por sua vez, faz conexão com outras células. O canal formado é pequeno e permite somente a passagem de substâncias como íons,

monossacarídeos, aminoácidos, nucleotídeos, vitaminas, alguns hormônios, entre outros componentes. Pelo fato de essas substâncias serem responsáveis pela comunicação entre as células, promovem acoplamento elétrico e metabólico. Essa característica permite a sincronização na diferenciação e na proliferação celular (Paoli, 2014).

- **Interdigitações** – Essa estrutura também é conhecida como *invaginações* ou *pregas basolaterais*, resultado de uma sobreposição das superfícies laterais e basais das células vizinhas. Essa ação aumenta o contato e reforça a adesão celular. Em algumas células, a sobreposição da membrana basolateral aumenta a superfície de contato, aumentando a inserção das proteínas transportadoras, o que facilita o transporte de líquidos e íons (Paoli, 2014).

Conforme Tortora e Grabowski (2002), o tecido epitelial é dividido em dois tipos principais: o epitélio de revestimento (forma a pele e recobre alguns órgãos) e o epitélio glandular (forma a parte de secreção das glândulas). Segundo Tortora e Grabowski (2002), de acordo com a disposição das camadas e as formas das células do tecido epitelial, ele pode ser subclassificado em:

- **Epitélio simples** – É formado por uma camada única de células e tem como função a difusão, a osmose, a filtração, a secreção e a absorção.
- **Epitélio estratificado** – É formado por duas ou mais camadas de células e tem como função principal a proteção de tecidos adjacentes contra atritos.
- **Epitélio pseudoestratificado** – Possui uma camada única de célula, mesmo aparentando um número maior de camadas. Essas células têm por característica serem ciliadas e secretoras de muco.

Em relação às formas das células, elas são divididas em:

- células escamosas;
- células colunares;
- células cuboides;
- células transicionais.

Na Figura 4.7, podemos identificar as diferentes formas das células epiteliais.

Figura 4.7 Exemplos de células epiteliais

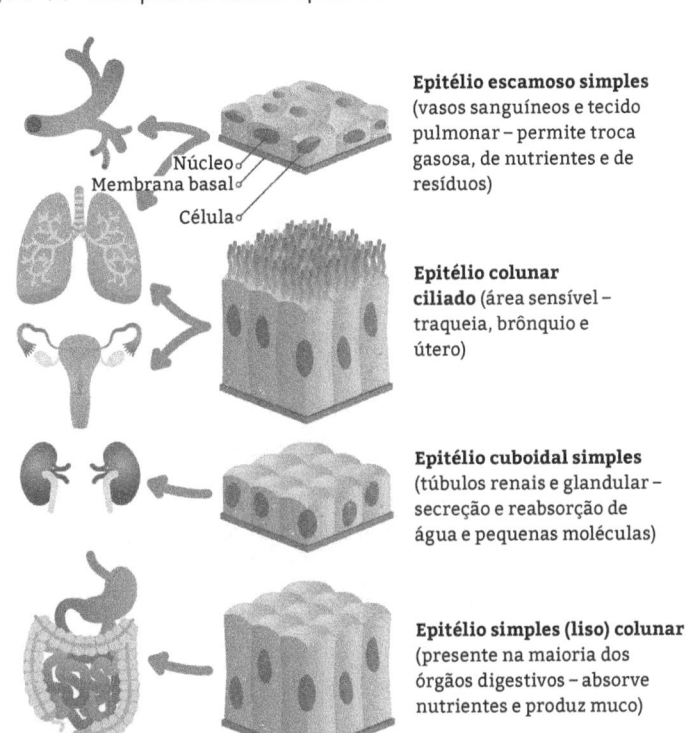

Epitélio escamoso simples (vasos sanguíneos e tecido pulmonar – permite troca gasosa, de nutrientes e de resíduos)

Núcleo
Membrana basal
Célula

Epitélio colunar ciliado (área sensível – traqueia, brônquio e útero)

Epitélio cuboidal simples (túbulos renais e glandular – secreção e reabsorção de água e pequenas moléculas)

Epitélio simples (liso) colunar (presente na maioria dos órgãos digestivos – absorve nutrientes e produz muco)

VectorMine/Shutterstock

Entre as várias estruturas formadas por tecido epitelial, podemos citar, ainda, a pele, que, em conjunto com tecido conjuntivo, é considerada o maior órgão do corpo humano e possui três camadas distintas: 1) a epiderme; 2) a derme; e 3) a hipoderme. A epiderme é a camada mais externa da pele e é formada por tecido epitelial. A derme, a camada intermediária, é formada por tecido conjuntivo e é o local onde se encontram as terminações nervosas, os vasos sanguíneos e linfáticos, os folículos pilosos e as glândulas sudoríparas. A camada mais interna da pele é a hipoderme, formada por tecido conjuntivo frouxo. Ela se une a órgãos adjacentes, tornando-se o local de acúmulo de tecido adiposo em pessoas com sobrepeso e obesidade.

A pele possui funções importantes para a homeostase do organismo, como proteção contra microorganismos, excreção de substâncias tóxicas, termorregulação e alterações metabólicas.

4.5 Células do tecido sanguíneo

Como pudemos observar até aqui pelos estudos da área da biologia, o sangue é formado no tecido hemocitopoiético, mais comumente conhecido como *medula óssea*. O tecido hemocitopoiético está localizado no interior de alguns ossos, como pélvis, esterno, clavícula e costelas.

O tecido sanguíneo tem como funções o transporte de hormônios, de oxigênio e de nutrientes celulares e a captura de gás carbônico e as excreções celulares, além de defesa do organismo.

O sangue é dividido em três partes principais: 1) o plasma; 2) os glóbulos brancos e as plaquetas; e 3) os glóbulos vermelhos, conforme podemos observar na figura a seguir.

Figura 4.8 Composição do sangue (plasma, glóbulos brancos e plaquetas e glóbulos vermelhos)

Composição total do sangue

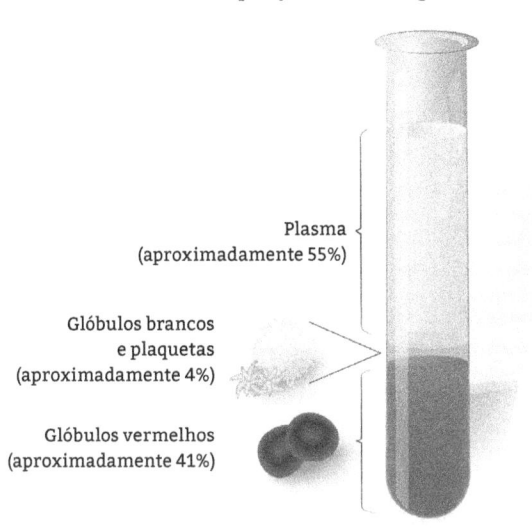

Plasma (aproximadamente 55%)

Glóbulos brancos e plaquetas (aproximadamente 4%)

Glóbulos vermelhos (aproximadamente 41%)

Designua/Shutterstock

O plasma corresponde à aproximadamente 55% do volume sanguíneo e é formado por proteínas, sais minerais, gás carbônico e demais substâncias dissolvidas em água.

Os glóbulos brancos, ou *leucócitos*, correspondem a aproximadamente 1% do volume do sangue, são células nucleadas, de formato circular, as quais têm como principal função a defesa do organismo. Os leucócitos são divididos em: leucócitos granulosos (neutrófilos, eosinófilos e basófilos) e leucócitos agranulares (monócitos e linfócitos). A seguir, apresentamos a descrição de cada uma dessas divisões, conforme Tortora e Grabowski (2002).

- **Leucócitos granulosos** – Com grânulos no citoplasma, são subdivididos em:
    - **Neutrófilos** – São células com três lóbulos que têm a função de fagocitar microorganismos invasores e partículas estranhas no organismo. Eles são encontrados em maior quantidade no sangue.

- **Eosinófilos** – Também denominados *acidófilos*, possuem núcleo com dois lóbulos e têm a função de combater parasitas maiores, como vermes, devido à liberação de substâncias tóxicas pelos seus grânulos, e evitar manifestações de processos alérgicos pela liberação de anti-histamínicos.
- **Basófilos** – Possuem núcleo disforme e grânulos grandes. Os basófilos são responsáveis pela coagulação do sangue (liberação de heparina), pelo aumento da eficiência na ação de anticorpos e neutrófilos às infecções (liberação de histamina), ocasionando vermelhidão e coriza, como manifestação de sintomas de alergias.
- **Leucócitos agranulares** – Não apresentam grânulos e são divididos em:
  - **Monócitos** – Se trata da maior célula sanguínea e seu núcleo se assemelha ao formato de uma ferradura. Eles funcionam como macrófagos no processo fagocitário de agentes invasores, células mortas e outros resíduos, devido à constarem em tecidos específicos, como do baço, de pulmões, do fígado e do encéfalo. Assim, os monócitos permanecem por pouco tempo na corrente sanguínea. Sua outra função importante é a formação de osteoclastos, no tecido ósseo, os quais têm a função de reabsorver o tecido ósseo.
  - **Linfócitos** – Essas células sanguíneas possuem um núcleo muito grande e são responsáveis pela defesa do corpo. Os linfócitos podem ser de dois tipos: o linfócito T (destruição de células anormais) e o linfócito B (produção de anticorpos).

As plaquetas, ou *trombócitos*, são fragmentos do citoplasma importantes para a coagulação sanguínea e correspondem a apenas 1% do volume sanguíneo.

Os glóbulos vermelhos, *hemácias* ou, ainda, *eritrócitos*, são estruturas em forma de disco e achatadas no centro. Possuem uma proteína denominada *hemoglobina*, a qual é responsável pela coloração vermelha do sangue e tem como função capturar oxigênio pulmonar e transportá-lo às células do corpo. As hemácias correspondem à aproximadamente 40% do volume sanguíneo.

A seguir, na Figura 4.9, estão representadas as células sanguíneas.

Figura 4.9 Representação das células sanguíneas

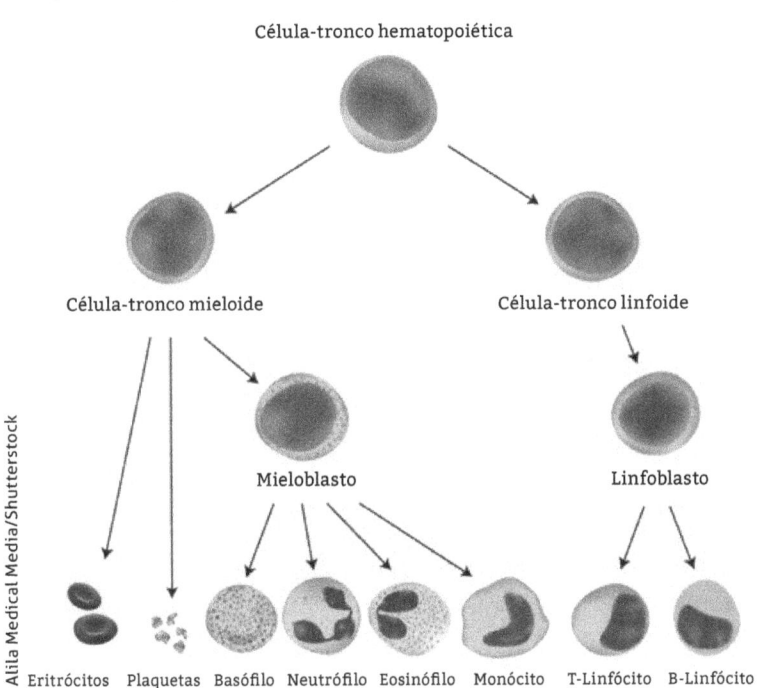

Célula-tronco hematopoiética

Célula-tronco mieloide   Célula-tronco linfoide

Mieloblasto   Linfoblasto

Eritrócitos Plaquetas Basófilo Neutrófilo Eosinófilo Monócito T-Linfócito B-Linfócito

O sangue também é formado por proteínas, as albuminas, que têm como funções regular a pressão osmótica do sangue e transportar ácidos graxos e hormônios, e as globulinas, que combatem infecções e transportam lipídios, além do fibrinogênio, que é um auxiliar do processo de coagulação sanguínea.

⦀ *Síntese*

Neste capítulo, pudemos conhecer os tecidos ósseo, cartilaginoso, conjuntivo, epitelial e sanguíneo.

Vimos que as células ósseas são divididas em osteócitos (manutenção da matriz óssea), osteoblastos (síntese da matriz óssea) e osteoclastos (reabsorção óssea).

Já o tecido cartilaginoso é um tipo de tecido conjuntivo especializado, de consistência rígida e tem por função oferecer a sustentação de tecidos moles e o revestimento das articulações. As células cartilaginosas são divididas em condrócitos (formados pela diminuição do volume de condroblastos) e condroblastos (responsáveis pela produção de fibras de colágeno e matriz óssea).

O tecido conjuntivo, por sua vez, é caracterizado por apresentar diferentes tipos de células, consequentemente, possui várias funções. Vimos os dois tipos de tecidos conjuntivos principais: o tecido conjuntivo frouxo (mais flexível) e o tecido conjuntivo denso (menos flexível) (Tortora; Grabowski, 2002).

Em seguida, vimos o tecido epitelial, que é caracterizado por apresentar células justapostas e com pouca matriz intracelular, tendo como funções revestir superfícies e secretar substâncias do organismo (Marieb; Wilhelm; Mallatt, 2014).

O capítulo foi finalizado com a descrição das formas e funções das células sanguíneas, as quais são responsáveis por transporte de oxigênio, proteção do organismo e coagulação sanguínea.

⦀ *Indicações culturais*

Recomendamos uma reportagem sobre hemofilia, uma doença genética/hereditária que acomete, em sua maioria, homens.

CHAMORRO, R.; MENDES, A. Hemofilia: conheça doença que afeta quase exclusivamente homens. **Viva Bem Uol**, 4 jan. 2020. Disponível em: <https://www.uol.com.br/vivabem/noticias/redacao/2020/01/04/hemofilia-conheca-doenca-que-afeta-quase-exclusivamente-homens.htm>. Acesso em: 29 mar. 2021.

Atividades de autoavaliação

1. Segundo Marieb, Wilhelm e Mallatt, (2014), o tecido ósseo tem como funções a proteção dos órgãos, a sustentação e o movimento, quando está sendo utilizado em conjunto com os músculos. Essas características são decorrentes da rigidez e da dureza, que é uma especialização do tecido:
   a) nervoso.
   b) muscular liso.
   c) muscular estriado.
   d) epitelial.
   e) conjuntivo.

2. O tecido ósseo é formado por três tipos de células, que são os osteócitos, os osteoblastos e osteoclastos. Relacione os tipos de células ósseas com suas respectivas características:

   (1) Osteócitos
   (2) Osteoblastos
   (3) Osteoclastos

   ( ) Essas células são importantes para a manutenção da matriz óssea e quando morrem são absorvidas por essa matriz.
   ( ) São células grandes, móveis e com grande quantidade de núcleos. O processo de reabsorção óssea depende da ação dos hormônios calcitonina e paratormônio.
   ( ) São as células responsáveis pelo processo de reabsorção óssea, liberando ácidos e enzimas na superfície do osso, digerindo a matriz orgânica e dissolvendo os cristais de cálcio.

   Agora, assinale a alternativa que contém a sequência correta:
   a) 2 – 3 – 1.
   b) 1 – 3 – 2.
   c) 2 – 1 – 3.
   d) 3 – 2 – 1.
   e) 3 – 1 – 2.

3. O tecido cartilaginoso é um tipo de tecido conjuntivo, tem consistência de borracha (rígida e maleável) e suas principais funções são a sustentação de tecidos moles e o revestimento das articulações. Assinale a alternativa que indica os dois tipos de células que formam o tecido cartilaginoso:
   a) Osteoblasto e condroitina.
   b) Condroblasto e hialina.
   c) Epitélio e condrócito.
   d) Desmossomo e hemidesmossomo.
   e) Condrócito e condroblasto.

4. O tecido epitelial tem as funções de revestir superfícies e secretar substâncias. A nutrição e a remoção de substâncias tóxicas do tecido epitelial ocorrem por difusão entre o tecido epitelial e o tecido conjuntivo adjacente, onde se encontram os vasos sanguíneos. Assinale a alternativa que descreve corretamente uma outra característica do tecido epitelial:
   a) O tecido epitelial não possui inervação, ou seja, não há suprimento nervoso nele.
   b) O tecido epitelial é avascular, ou seja, não possui suprimento sanguíneo próprio.
   c) O tecido epitelial é hipervascularizado, ou seja, possui grande ramificação de vasos sanguíneos.
   d) O tecido epitelial está presente somente na superfície do corpo, ou seja, apenas na epiderme.
   e) O tecido epitelial está presente na parte interna do corpo humano, ou seja, somente células dos órgãos vitais.

5. O tecido sanguíneo tem como funções o transporte de hormônios, oxigênio e nutrientes celulares, a captura de gás carbônico e as excreções celulares, além de defesa do organismo. Assinale a alternativa que cita as partes principais do sangue:
   a) Plasma, glóbulos brancos, ferro e água.
   b) Plasma, plaquetas, água e glóbulos lipídicos.

c) Plasma, glóbulos brancos, glóbulos vermelhos e gordura.
d) Plasma, glóbulos brancos, plaquetas e glóbulos vermelhos.
e) Plasma, gordura, água e glóbulos vermelhos.

Atividades de aprendizagem

Questões para reflexão

1. A pele é formada por três camadas: a epiderme, a derme e a hipoderme. Quando esse tecido sofre queimaduras, há uma classificação (em graus) de acordo com a camada atingida. Dependendo do grau e da extensão da queimadura, o indivíduo pode ser levado ao óbito. Existem hospitais especializados em queimadura. Considerando essas informações, pesquise e classifique os graus das queimaduras, cite como tratá-las e os riscos destas para o indivíduo.

2. Os ossos são formados pelos osteócitos (células importantes para a manutenção da matriz óssea e que quando morrem são absorvidas por essa matriz), pelos osteoblastos (células responsáveis pela síntese da matriz óssea) e pelos osteoclastos (células responsáveis pelo processo de reabsorção óssea). Com base nas informações do texto sobre as células citadas, caracterize, desenhe e indique o local no osso em que cada uma é encontrada.

Atividade aplicada: prática

1. Utilize um exame de sangue (hemograma completo) e analise os tipos de células sanguíneas e suas respectivas quantidades dentro da normalidade. Faça uma relação entre os tipos de células sanguíneas e os tipos de doenças que podem ser detectadas por meio de um hemograma.

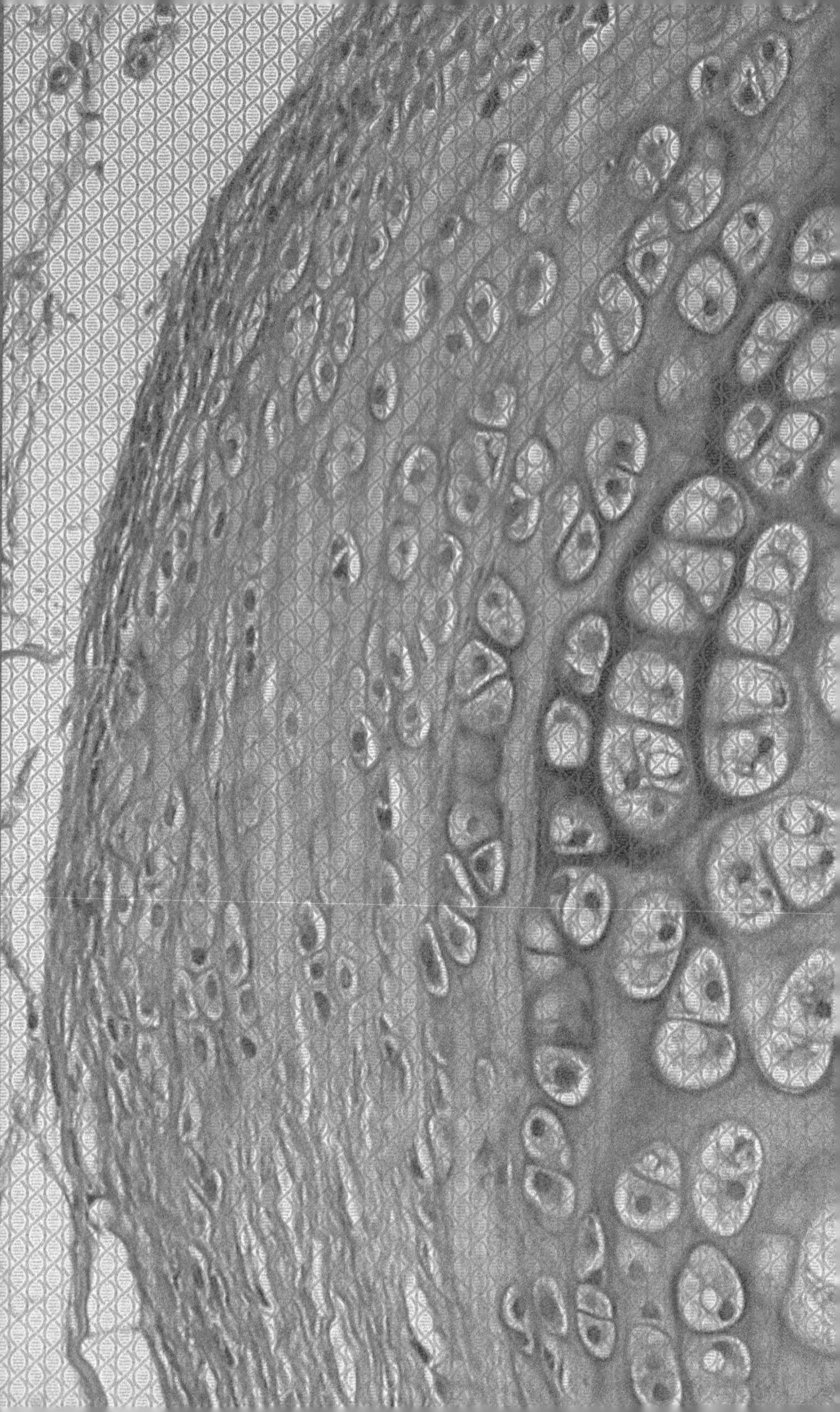

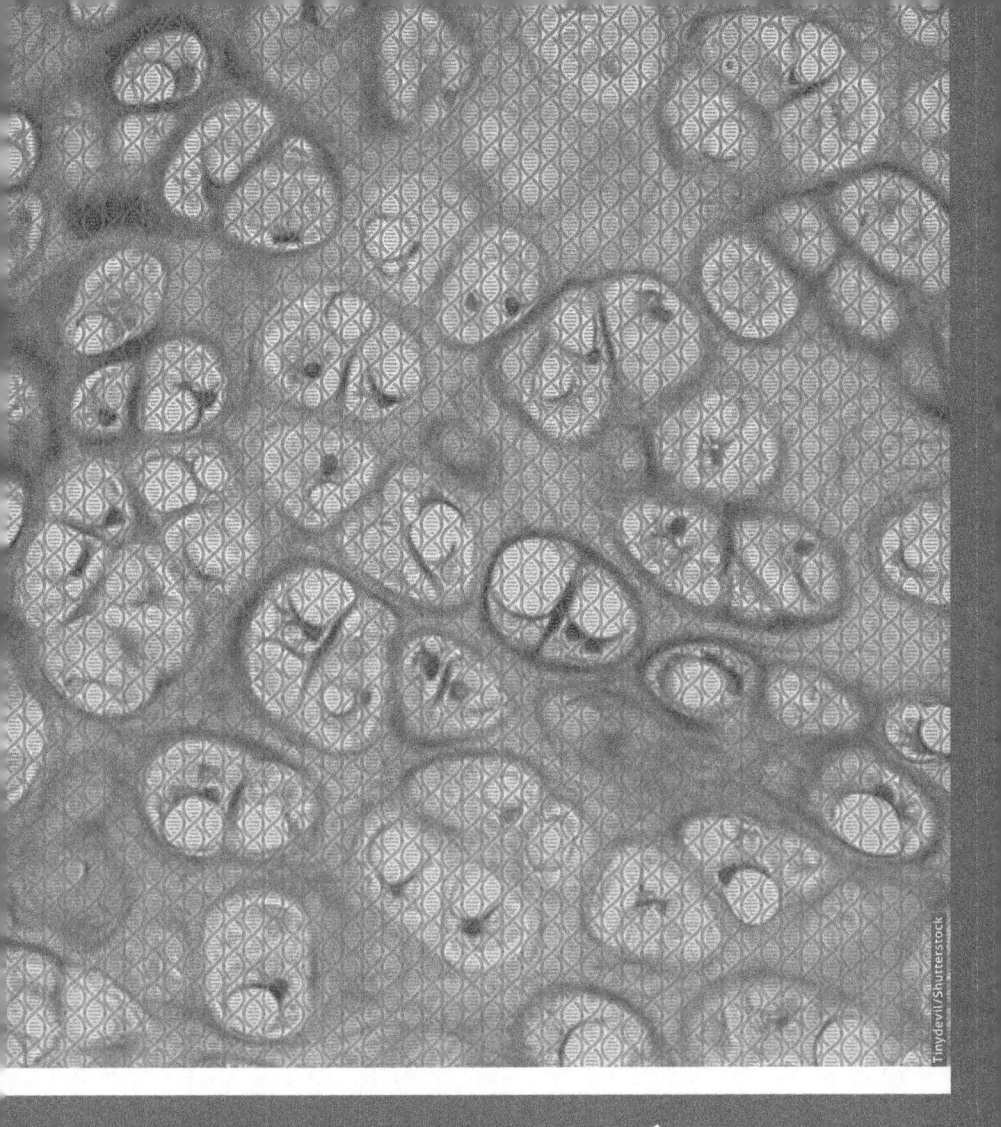

Capítulo 5

Células dos tecidos musculares liso, cardíaco e esquelético

Os músculos representam aproximadamente 50% de todo o corpo humano e são os responsáveis por todos os tipos de movimento, que ocorrem pela contração e pelo relaxamento desse tecido. A contração muscular pode ocorrer de forma voluntária – músculos esqueléticos – e de maneira involuntária – músculo cardíaco e musculatura lisa.

O tecido muscular tem como funções a estabilização corporal, a regulação do volume dos órgãos, a geração de calor, a propulsão de líquidos e resíduos da alimentação e o movimento. Essas ações ocorrem pela capacidade que o músculo tem de transformar energia química em energia mecânica.

Excitabilidade, contratilidade elétrica, extensibilidade e elasticidade são as propriedades específicas do tecido muscular. A excitabilidade elétrica é a capacidade do músculo de responder à estímulos elétricos (Tortora; Grabowski, 2002). A contratilidade é a propriedade de contração muscular ante os estímulos do potencial de ação do neurônio motor. Já a extensibilidade é a condição de o músculo se estirar sem que haja lesão. Por fim, a elasticidade é a capacidade que o tecido muscular possui de retornar ao seu comprimento de origem após haver uma contração ou extensão.

Essas propriedades e outras características do tecido muscular serão descritas neste capítulo.

Na figura a seguir, podemos observar a representação dos tipos de tecidos musculares.

Figura 5.1 Tipos de tecidos musculares (estriado esquelético, estriado cardíaco e liso)

Tipos de células musculares

Músculo esquelético

Músculo cardíaco

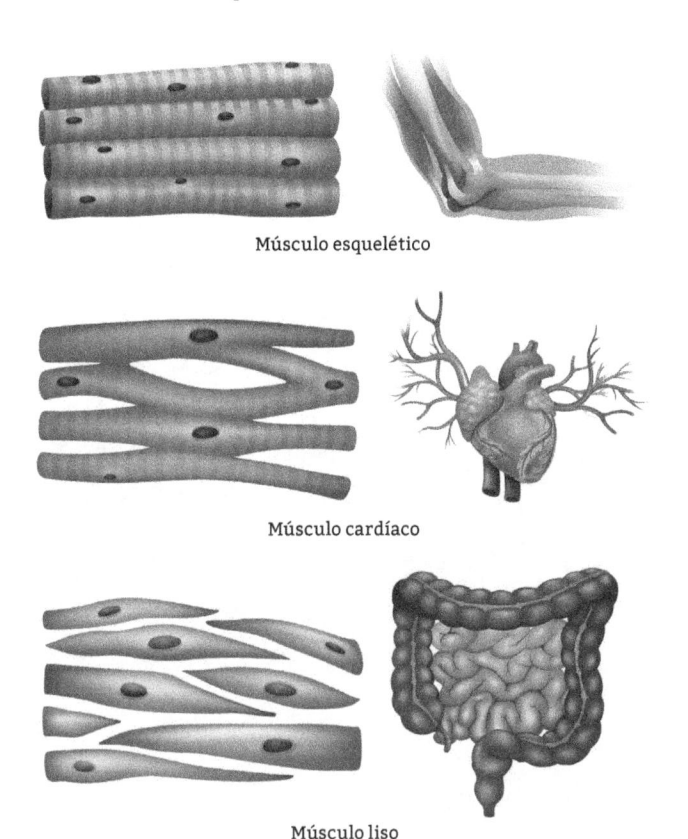

Músculo liso

5.1 Tecido muscular liso

O tecido muscular liso é de contração involuntária, controlada pelo sistema nervoso autônomo e por hormônios, sendo encontrado em vasos sanguíneos, nas vias aéreas, em órgãos da cavidade abdominal e pélvica e na pele (Tortora; Grabowski, 2002).

Ao ser observado com um microscópio, o tecido muscular liso não possui estrias, por isso sua denominação. Na figura a seguir está representado esse tipo de tecido.

Figura 5.2 Representação de uma lâmina do tecido muscular liso

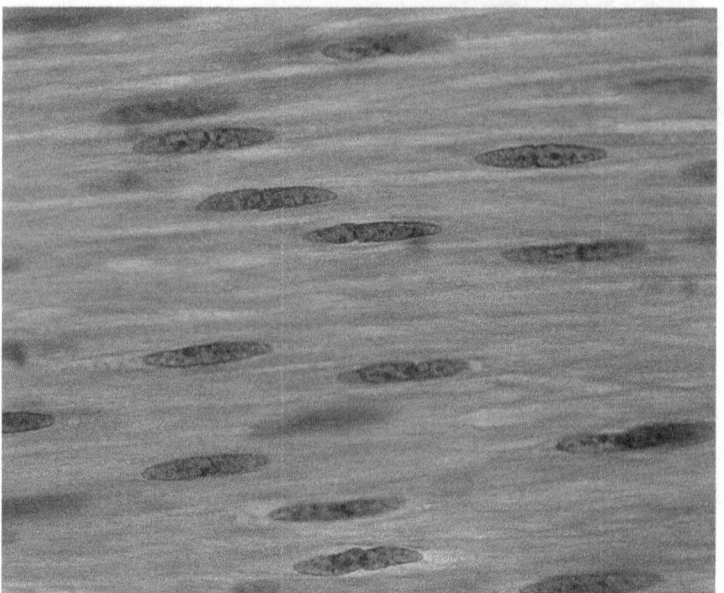

Jose Luis Calvo/Shutterstock

5.2 Tecido muscular cardíaco

O tecido muscular *cardíaco* é, como o próprio nome informa, o tecido muscular encontrado somente no coração. O músculo cardíaco é estriado e, assim como o tecido muscular liso, é de contração involuntária.

A contração muscular do coração é controlada pelo nó sinusal (marca-passo natural)[1], o qual inicia a contração e orienta a autorritmicidade (Tortora; Grabowski, 2002). Além do

---

[1] Estrutura que regula o ritmo dos batimentos cardíacos.

marca-passo, o ritmo cardíaco também sobre influência de hormônios e neurotransmissores, que alteram a frequência cardíaca de acordo com a necessidade do organismo em receber menor ou maior quantidade de sangue.

Na figura a seguir está representada uma lâmina do tecido muscular cardíaco.

Figura 5.3 Representação de uma lâmina do tecido muscular cardíaco

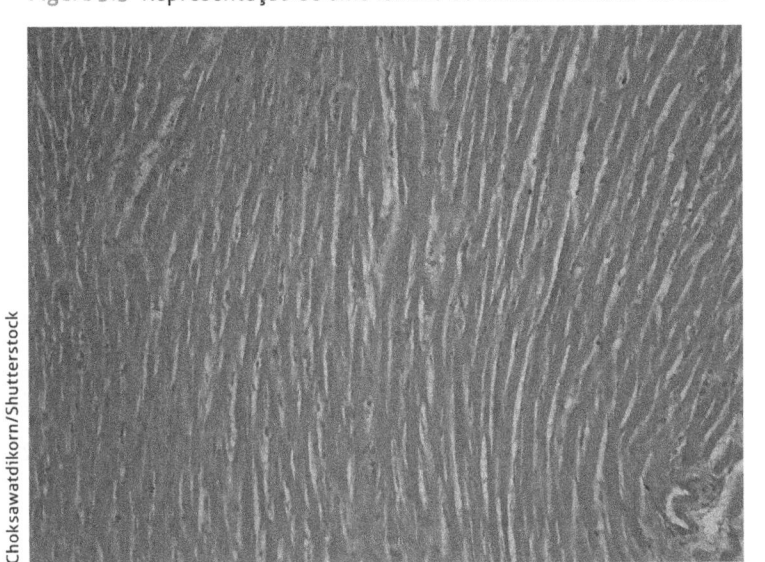

5.3 Tecido muscular esquelético

O tecido muscular *esquelético* possui essa denominação por ser responsável pelo movimento do corpo junto com o sistema esquelético. Esse tecido é chamado de *estriado* por possuir em sua composição estriações (claras e escuras) (Tortora; Grabowski, 2002). A contração muscular esquelética é voluntária, ou seja, é realizada por intencionalidade.

De acordo com Tortora e Grabowski (2002), existem três tipos de contração muscular: 1) a isocinética (com controle da velocidade do movimento); 2) a isométrica (sem movimento da articulação); e 3) a isotônica (com movimento articular). A contração do tipo isotônica é subdividida em concêntrica (contra a ação da gravidade) e excêntrica (a favor da gravidade). Os tipos de contração muscular citados estão exemplificados na figura a seguir.

Figura 5.4 Representação dos tipos de contração muscular

Tipos de contração muscular

Contração concêntrica

Contração excêntrica

Contração Isométrica

músculo se contrai, mas não encurta

Movimento

Movimento

Sem movimento

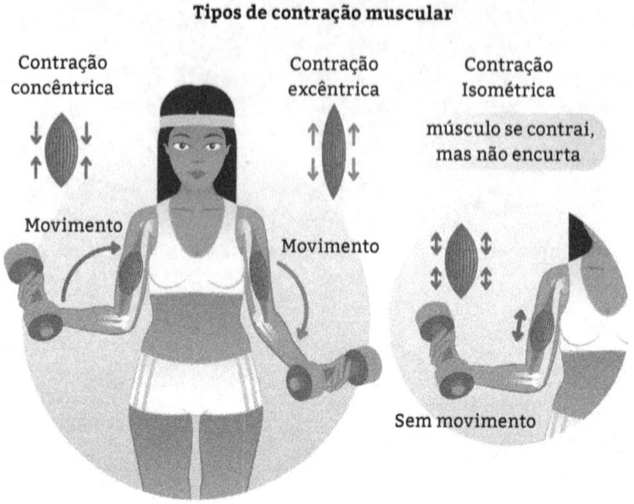

VectorMine/Shutterstock

Entretanto, o organismo possui alguns músculos estriados esqueléticos de contração, em certos momentos, inconsciente, como é o caso do diafragma – músculo que auxilia na respiração, no controle dos músculos posturais e no ajuste do tônus muscular.

Na figura a seguir, podemos observar uma representação do tecido muscular estriado esquelético.

Figura 5.5 Representação de uma lâmina do tecido muscular estriado esquelético

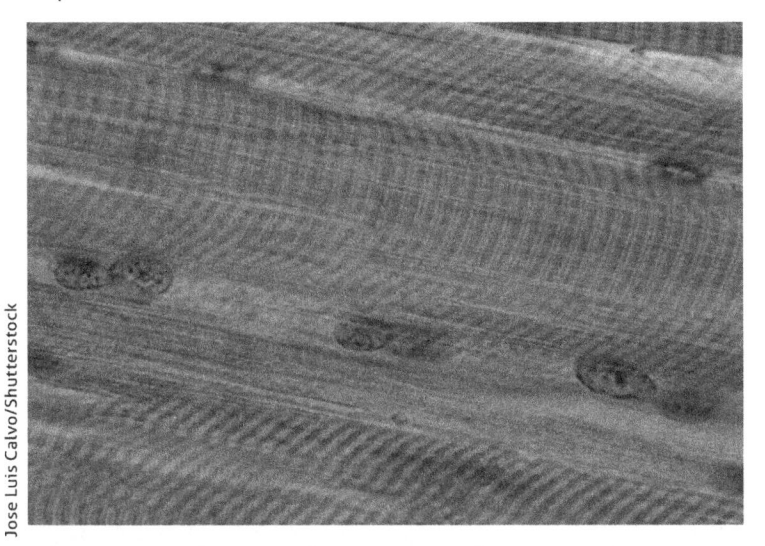

Jose Luis Calvo/Shutterstock

As células que formam o tecido muscular esquelético são denominadas *fibras*, devido a apresentarem formato alongado. As fibras musculares são revestidas por tecido conjuntivo, o qual dá forma, proteção e fortalecimento a elas.

O tecido conjuntivo que reveste as fibras musculares é denominado *fáscia*, que se constitui de lâminas de tecido conjuntivo fibroso, conforme Tortora e Grabowski (2002).

5.4 Sinapses e potencial de ação

Os neurônios são células excitáveis e a comunicação entre eles ocorre pela sinapse. É importante frisar que, mesmo os neurônios estando muito próximos uns dos outros, as membranas plasmáticas não se tocam e a comunicação entre eles ocorre por um espaço chamado de *fenda sináptica*, a qual é preenchida por líquido intersticial (Tortora; Grabowski, 2002).

Nas sinapses, há um neurônio que transmite a informação – neurônio pré-sináptico – e um neurônio que recebe os sinais – neurônio pós-sináptico.

Existem três tipos de sinapses:

1. axodendrítica: os sinais vão do axônio para o dendrito;
2. axossomática: os sinais vão do axônio para o corpo celular;
3. axoaxônica: os sinais vão de axônio para axônio.

Outra divisão das sinapses ocorre em relação à sua estrutura e função: as sinapses elétricas e as sinapses químicas.

Nas sinapses elétricas, as correntes elétricas – correntes iônicas – passam de um neurônio a outro diretamente pelas junções abertas, denominadas *gap junctions* (junções comunicantes)(Paoli, 2014). As junções abertas possuem centenas de proteínas tubulares – *conexons* –, as quais formam túneis que ligam os citoplasmas das duas células. Esse tipo de junção aberta é encontrada no Sistema Nervoso Central (SNC), no músculo liso visceral e no músculo cardíaco.

As sinapses elétricas são de comunicação mais rápida, o que possibilita a sincronização de grupos de neurônios e a transmissão bidirecional (Tortora; Grabowski, 2002).

Já nas sinapses químicas, há necessidade de uso de neurotransmissores, que são substâncias químicas que fazem o transporte dos sinais entre um neurônio e outro. Os neurotransmissores são liberados pelos neurônios pré-sinápticos e passam pela fenda sináptica, atuando nos receptores localizados na membrana plasmática dos neurônios pós-sinápticos.

Em síntese, o impulso nervoso (sinal elétrico) do neurônio pré-sináptico é convertido em sinal químico (neurotransmissores), que chega aos neurônios pós-sinápticos e é novamente convertido em sinal elétrico, denominado *potencial pós-sináptico*.

A sinapse química passa por sete fases, conforme Tortora e Grabowski (2002):

1. o impulso nervoso (elétrico) chega ao terminal pré-sináptico do axônio pré-sináptico;
2. os canais regulados por voltagem de Ca^{2+} (cálcio) são abertos (fase despolarizante do potencial de ação), fazendo com que o Ca^{2+} flua para dentro do neurônio, devido à maior concentração no líquido extracelular;
3. com o aumento da concentração intracelular de Ca^{2+} nos neurônios pré-sinápticos, há a promoção de excitação das vesículas sinápticas, as quais se fundem com a membrana plasmática, liberando os neurotransmissores para a fenda sináptica;
4. os neurotransmissores liberados na fenda sináptica se ligam a receptores de neurotransmissores presentes na membrana plasmática do neurônio pós-sináptico;
5. ao se ligarem a seus receptores, os neurotransmissores permitem a abertura de canais na membrana plasmática, por onde passam os íons;
6. de acordo com o tipo de íons que passam por esses canais, há a despolarização ou a hiperpolarização da membrana pós-sináptica; se houver o limiar de despolarização celular, um ou mais potenciais de ação serão gerados.
7. chegando ao limiar, um ou mais potenciais de ação são gerados, para que haja a transmissão do sinal de um neurônio para outro.

O processo de sinapse química está representado na figura a seguir.

Figura 5.6 **Representação do processo de sinapse química**

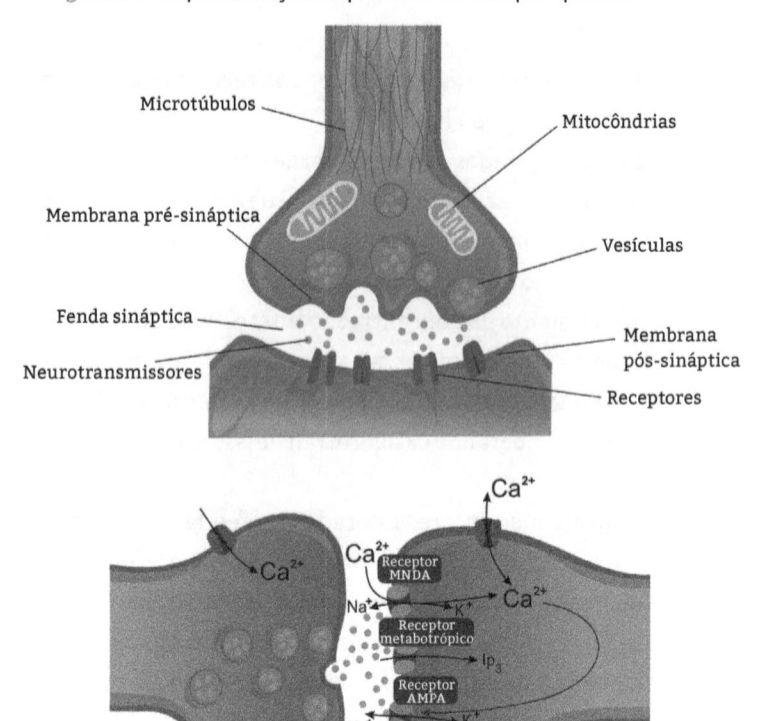

- Microtúbulos
- Mitocôndrias
- Membrana pré-sináptica
- Vesículas
- Fenda sináptica
- Membrana pós-sináptica
- Neurotransmissores
- Receptores

- Neurônio pré-sináptico
- Ca^{2+}
- Receptor MNDA
- Na^+
- Receptor metabotrópico
- Ip_3
- Receptor AMPA
- Na^+
- K^+
- Ca^{2+}
- Neurônio pós-sináptico
- Glutamina

Tanto o potencial de ação (comunicação em grandes distâncias) como o potencial graduado (comunicação em curtas distâncias) são sinais elétricos transferidos de um neurônio a outro, permitindo o *drive* neural, ou seja, o "caminho" das informações neurais, no organismo (Tortora; Grabowski, 2002).

O potencial graduado é uma pequena variação do potencial de membrana que torna a célula mais ou menos e ocorre quando o estímulo elétrico fecha a membrana plasmática da célula excitável. Há dois tipos de resposta em relação à polarização da célula: 1) o potencial graduado hiperpolarizante (resposta de polarização mais negativa); e 2) o potencial graduado despolarizante (resposta de polarização menos negativa).

O potencial de ação é o impulso nervoso, que inverte o potencial de membrana e, logo após sua passagem, retorna ao valor de repouso, conforme representado na Figura 5.5. O potencial de ação segue o princípio do "tudo ou nada", ou seja, para que ocorra a passagem do impulso, é necessário que a despolarização da célula atinja um determinado nível, cerca de – 55 mV (milivolt). Assim sendo, há abertura dos canais iônicos regulados por voltagem.

A figura a seguir indica como ocorre o impulso nervoso.

Figura 5.7 Representação da propagação do impulso nervoso

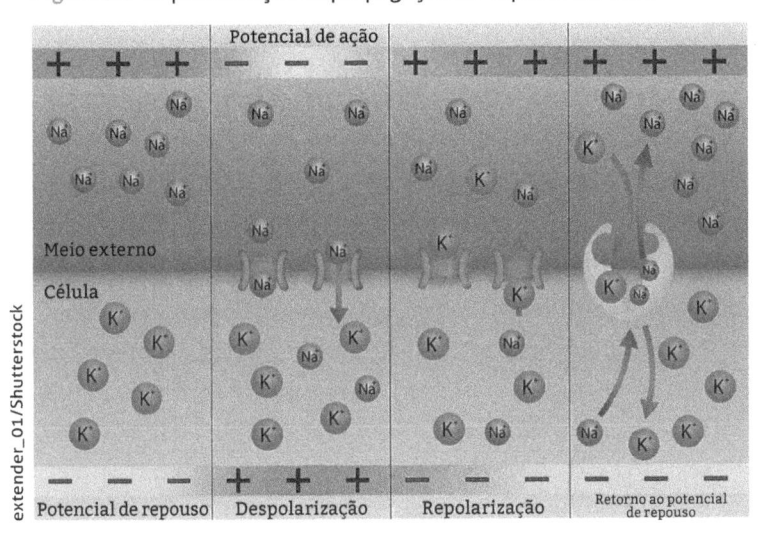

Durante o potencial de ação, regulado por voltagem, é possível observar duas fases, como indicado na Figura 5.5: a fase de despolarização e a fase de repolarização. A fase de despolarização do potencial de ação ocorre quando, por regulação de voltagem ou regulação química, a membrana se despolariza até o limiar e abre os canais iônicos para entrada de Na^{2+} (sódio). Cada canal regulado por voltagem de Na^{2+} possui duas portas (*gates*) específicas: a de ativação e a de inativação. Quando a membrana está em repouso, a porta de inativação está aberta e a porta de ativação está fechada. Essa é a fase conhecida como *estado de repouso do canal de* Na^{2+}. Ao atingir o limiar de voltagem, as portas se abrem e o Na^{2+} entra na célula, tornando-a despolarizada. A próxima fase do impulso nervoso é o estado de inativação do canal, causado pelo fechamento das portas de inativação do Na^{2+} (Tortora; Grabowski, 2002).

Na fase de repolarização da célula, há uma despolarização que abre os canais regulados por voltagem para Na^{2+} e para K^+ (potássio). Então, os canais regulados por voltagem para K^+ se abrem lentamente, à mesma velocidade em que os canais de voltagem de Na^{2+} se fecham. Nessa fase de repolarização celular, o potencial de repouso da célula é restabelecido (Tortora; Grabowski, 2002).

As fases de polarização e repolarização da célula, com abertura e fechamento dos canais iônicos, estão representadas na Figura 5.8, a seguir.

Figura 5.8 Representação do processo de sinapse, com abertura e fechamento das portas dos canais iônico

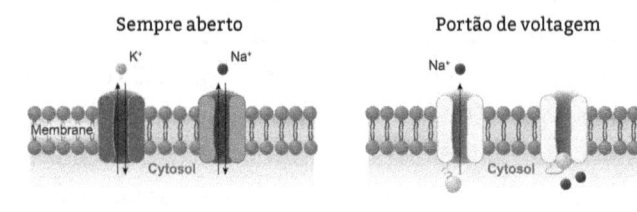

5.5 Sistema sensorial

O sistema sensorial é a porta de entrada das informações do ambiente e, também, o canal para informações proprioceptivas.

As modalidades sensoriais são os tipos de sensações que possuímos, sendo elas: o tato, o olfato, a visão, a audição e o paladar. Todas as modalidades recebem informações do ambiente e as enviam para regiões específicas do córtex cerebral, conforme representado na Figura 5.9, a seguir.

Figura 5.9 Representação das modalidades sensoriais e as regiões corticais receptoras das informações

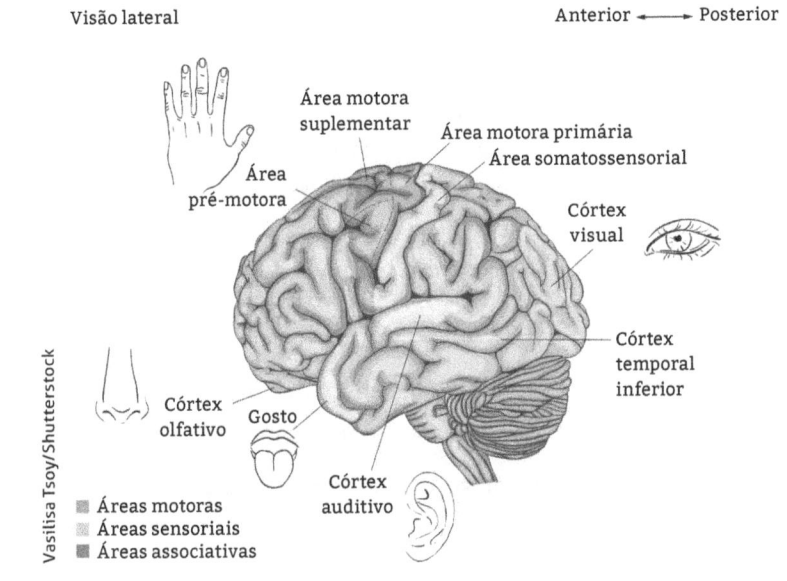

As diferentes modalidades sensoriais são divididas em duas classes principais: os sentidos gerais e os sentidos especiais.

Os sentidos gerais são aqueles formados pelos sentidos somáticos e viscerais, ou seja, sensações táteis (tato, pressão e vibração), sensações térmicas, sensação de dor e sensações proprioceptivas. Já os sentidos especiais são aqueles que incluem os cinco sentidos (tato, olfato, visão, audição e paladar).

Antes de darmos continuidade, devemos destacar que o conhecimento consciente das sensações recebe a denominação de *percepção*.

O processo de recepção das informações sensoriais é iniciado em um receptor sensorial, que é uma célula especializada, ou em dendritos de neurônios sensitivos. Cada receptor sensorial responde a um estímulo específico (seletividade).

Para que a recepção sensitiva ocorra, é necessário que haja a presença de quatro eventos, conforme indicam Tortora e Grabowski (2002): 1) estimulação do receptor sensorial; 2) transdução do estímulo; 3) geração de impulsos; e 4) integração das entradas sensoriais (*input*). Indicamos, a seguir, mais detalhes sobre cada um desses eventos:

- estimulação do receptor sensorial: recepção das informações pelos receptores sensoriais;
- transdução do estímulo: conversão dos estímulos em potencial graduado;
- geração de impulsos: ocorre quando o potencial graduado atinge o limiar para a propagação da informação para o SNC;
- integração das entradas sensoriais (*input*): no SNC há recepção e integração das informações recebidas.

Os receptores sensoriais podem ser agrupados em exterorreceptores, interorreceptores e proprioceptores, de acordo com sua localização (Tortora; Grabowski, 2002). Os exterorreceptores estão localizados na superfície externa do corpo humano e são responsáveis por captarem informações providas da visão, da audição, do olfato, do gosto e do tato. Os interorreceptores se localizam nos vasos sanguíneos, nos órgãos viscerais, nos músculos lisos e estriado cardíaco e no SNC, razão por que não são informações conscientes. O terceiro tipo de receptores sensoriais, os proprioceptores, está localizado nos músculos estriados esqueléticos, nos tendões, nas articulações e no ouvido interno, oferecendo informações sobre posição corporal, tensão muscular, posição e movimentos articulares.

Outra classificação dos receptores sensoriais está relacionada com o tipo de estímulo recebido, segundo Tortora e Grabowski (2002):

- mecanorreceptores: detectam pressão ou estiramento;
- termorreceptores: detectam as variações de temperatura;
- nociceptores: detectam estímulos associados a lesões, produzindo a sensação de dor;
- fotorreceptores: detectam luz;
- quimiorreceptores: detectam substâncias químicas e são encontrados nas modalidades sensoriais, como paladar e olfato.

As informações que são recebidas pelas modalidades sensoriais são enviadas ao SNC pela via aferente, enquanto as informações que são enviadas do SNC aos sistemas efetores são conduzidas pela via denominada *eferente*.

Síntese

Neste capítulo, foram descritas as características e as funções dos tecidos musculares liso, estriado cardíaco e estriado esquelético, como estabilização corporal, regulação do volume dos órgãos, geração de calor, propulsão de líquidos e resíduos da alimentação e movimento.

Vimos, também, as propriedades específicas do tecido muscular: a excitabilidade, a contratilidade elétrica, a extensibilidade e a elasticidade.

Sinapses e potencial de ação foram outros conceitos descritos neste capítulo, sendo importante frisar que, nas sinapses, há um neurônio que transmite a informação – neurônio pré-sináptico –

e um neurônio que recebe os sinais – neurônio pós-sináptico. As sinapses podem ser divididas, também, em relação à estrutura e função, sendo elas: sinapses elétricas e sinapses químicas. Estas últimas necessitam de um neurotransmissor para que haja a transmissão da informação nervosa.

Ainda descrevendo o processo de transmissão da informação entre neurônios, o potencial de ação foi descrito como sendo o impulso nervoso, que inverte o potencial de membrana e, logo após a passagem do impulso, retorna ao valor de repouso, fazendo com que haja a transmissão da informação nervosa entre um neurônio e outro.

O capítulo foi finalizado com a descrição das modalidades sensoriais e os tipos de receptores sensoriais que o corpo humano possui, para que haja recepção de informações exteroceptivas (informações providas do ambiente) e proprioceptivas (informações providas do próprio organismo).

III *Indicações culturais*

A seguir, indicamos uma reportagem sobre os benefícios da contração muscular na produção de células de defesa do organismo. O estudo foi realizado pelo Laboratório de Nutrição e Metabolismo Aplicados à Atividade Motora da Escola de Educação Física e Esporte (EEFE).

ALEGRE, L. Pesquisadores discutem papel do sistema muscular na imunidade. **Jornal da USP**, 27 nov. 2020. Disponível em: <https://jornal.usp.br/ciencias/ciencias-da-saude/pesquisadores-discutem-papel-do-sistema-muscular-na-imunidade>. Acesso em: 29 mar. 2021.

Atividades de autoavaliação

1. Observe as imagens a seguir e relacione os tipos de tecido muscular com as respectivas figuras:

     1   2   3

   BigBlueStudio, kubicka e SmallSnail/Shutterstock

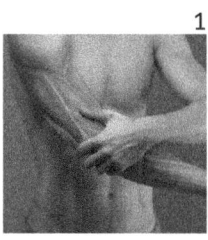

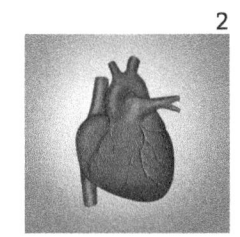

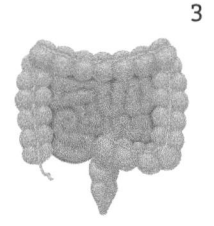

   ( ) Músculo liso
   ( ) Músculo estriado cardíaco
   ( ) Músculo estriado esquelético

   Agora, assinale a alternativa que contém a sequência correta:
   a) 2 – 3 – 1.
   b) 3 – 2 – 1.
   c) 2 – 1 – 3.
   d) 1 – 3 – 2.
   e) 3 – 1 – 2.

2. (Uncisal – 2009) Uma pessoa que faz academia fica "inchada" porque a atividade física estimula as células já existentes a aumentarem o seu volume e, consequentemente, é possível observar o crescimento do bíceps, do gastrocnêmio e outros.

   O trecho citado refere-se ao tecido:
   a) muscular liso.
   b) muscular estriado esquelético.
   c) conjuntivo propriamente dito.
   d) conjuntivo cartilaginoso.
   e) conjuntivo denso.

3. O tecido muscular cardíaco é o tecido muscular encontrado somente no coração. O músculo cardíaco é estriado e, assim como o tecido muscular liso, é de contração involuntária. Assinale a alternativa que indica como o ritmo cardíaco é controlado:

   a) A contração muscular do coração é controlada pela pulsação da artéria aorta, pelas válvulas bicúspide e tricúspide.
   b) A contração muscular do coração é controlada pelas válvulas bicúspide e tricúspide, pelo hormônio GH e por neurotransmissores.
   c) A contração muscular do coração é controlada pelo hormônio GH, por neurotransmissores e pela válvula mitral.
   d) A contração muscular do coração é controlada pela válvula mitral, por neurotransmissores e pelo relógio biológico.
   e) A contração muscular do coração é controlada pelo marca-passo, por hormônios e neurotransmissores.

4. A contração muscular esquelética é voluntária, ou seja, a ação motora é realizada por intencionalidade. Entretanto, o organismo possui alguns músculos estriados esqueléticos de contração, em certos momentos, inconsciente. Assinale a alternativa que nomeia um dos músculos estriados esqueléticos em que, em certos momentos, a contração pode ser inconsciente:

   a) Diafragma.
   b) Coração.
   c) Estômago.
   d) Intestino delgado.
   e) Córtex cerebral.

5. Nas sinapses, há um neurônio que transmite a informação – neurônio pré-sináptico – e um neurônio que recebe os sinais – neurônio pós-sináptico. Existem, ainda, três tipos de sinapses. Assim sendo, relacione os tipos de sinapses com suas respectivas características:

(1) Axodendrítica
(2) Axossomática
(3) Axoaxônica

( ) Os sinais vão de axônio para axônio.
( ) Os sinais vão do axônio para o soma.
( ) Os sinais vão do axônio para o dendrito.

Agora, assinale a alternativa que contém a sequência correta:

a) 2 – 3 – 1.
b) 3 – 2 – 1.
c) 2 – 1 – 3.
d) 1 – 3 – 2.
e) 3 – 1 – 2.

Atividades de aprendizagem

Questões para reflexão

1. Durante um programa de treinamento físico, podem ser utilizados inúmeros tipos de exercícios, com diferentes tipos de contração muscular, para que as técnicas utilizadas possam ser mais eficazes para cada cliente/paciente. Dessa maneira, cite e explique os tipos de contração muscular encontradas na literatura.

2. Os neurônios são células excitáveis e a comunicação entre eles ocorre pela sinapse. Existem dois tipos de sinapses, a elétrica e a química. Assim sendo, explique como ocorre cada uma delas.

Atividade aplicada: prática

1. Realize uma série de agachamentos com 10 a 20 repetições, dê um intervalo de 1 minuto e, posteriormente, execute um agachamento em isometria (pode se apoiar na parede). Aponte qual tipo de contração muscular é mais indicado para pessoas com lesões articulares e explique o motivo da sua escolha.

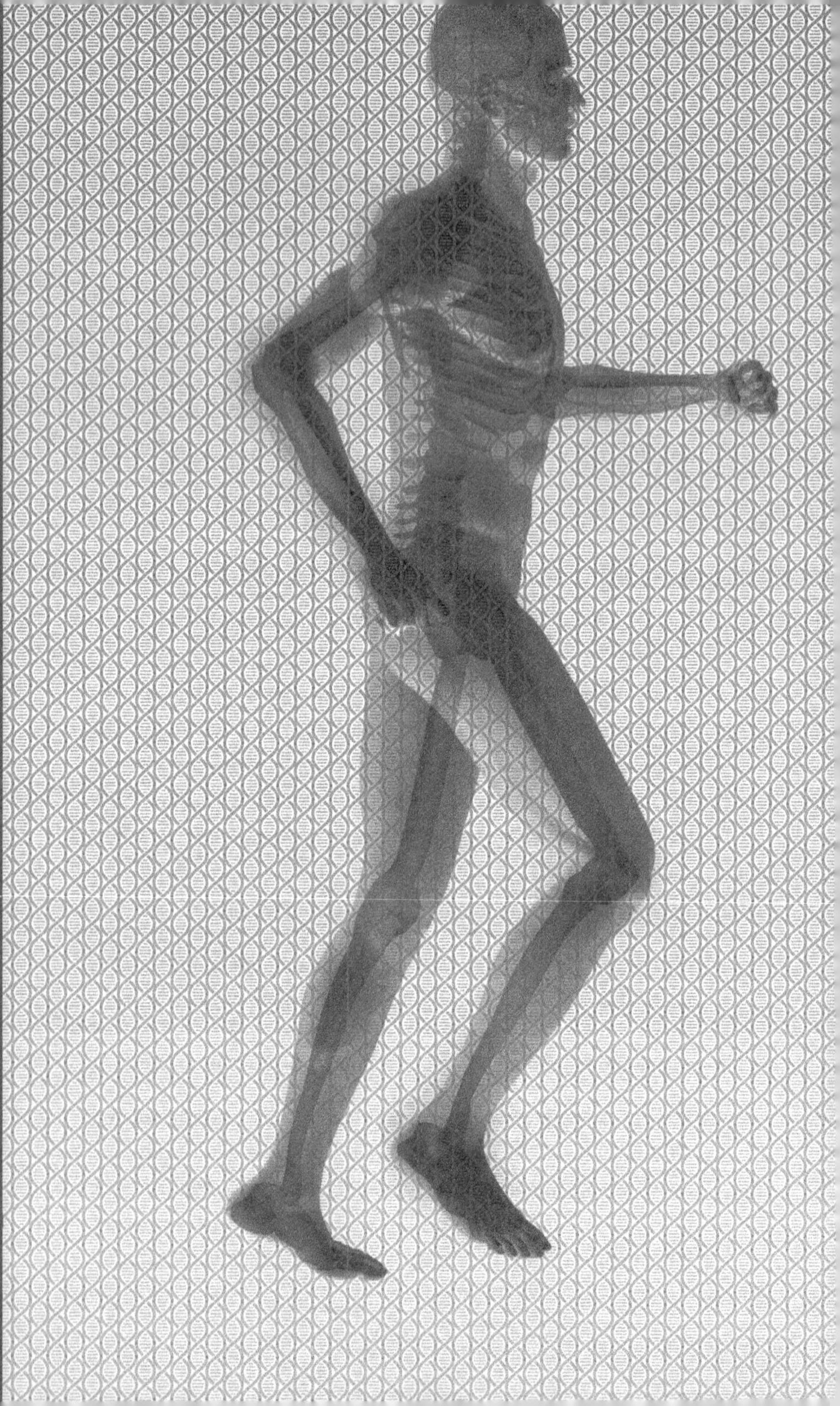

Capítulo 6

Posição anatômica
e sistema articular

As **terminologias** em anatomia são universais. Isso ocorre para que não haja ambiguidade em relação aos termos utilizados por pesquisadores e demais profissionais da área. Entre os termos, conceitos e padrões utilizados universalmente, podemos destacar a posição anatômica.

Dessa maneira, a descrição de qualquer região ou parte do corpo segue a mesma posição, denominada *posição anatômica* ou *norma anatômica*.

Neste capítulo, iremos descrever os aspectos da utilização da posição anatômica, assim como os planos e as seções utilizados em estudos de estruturas e movimentos corporais.

Quanto aos movimentos do corpo, os tipos de articulações e os movimentos realizados por cada segmento corporal também serão explorados neste capítulo.

Finalizaremos com a descrição dos movimentos do tronco e a importância de se ter uma boa postura corporal.

6.1 Posição anatômica, planos e eixos

A posição anatômica é utilizada, em estudos anatômicos, para indicar e descrever, de maneira universal, qualquer segmento e órgãos corporal.

Utilizando-se essa normatização, o indivíduo deve estar na posição em pé, com a cabeça voltada para frente, o olhar direcionado para a linha do horizonte, com os membros superiores estendidos e posicionados ao lado do tronco e as palmas das mãos voltadas para frente. Os membros inferiores devem estar paralelos, os pés alinhados com os ombros e os dedos voltados para frente (Tortora; Grabowski, 2002).

Na figura a seguir, podemos observar a posição anatômica universal.

Figura 6.1 Representação da posição anatômica universal

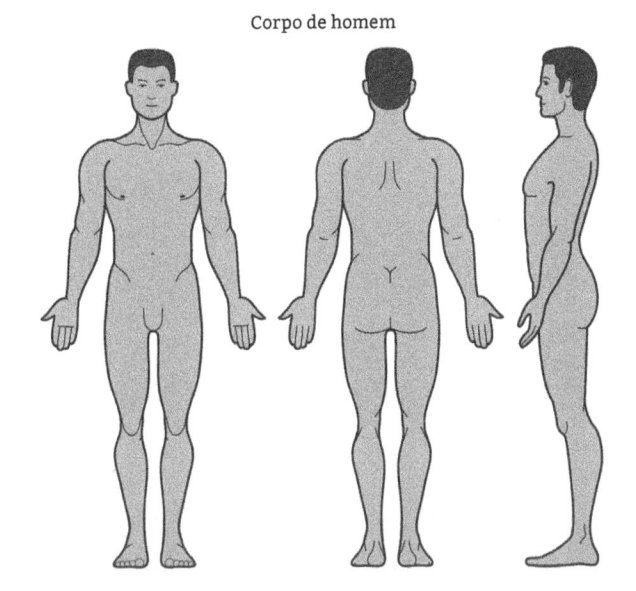

Corpo de homem

Com base na posição anatômica, o corpo pode ser dividido em planos e eixos imaginários, que são utilizados para secionar e possibilitar o estudo de uma superfície plana da estrutura tridimensional que é o corpo humano.

Em relação aos planos, Hall e Guyton (2017) descrevem a divisão do corpo em:

- Plano sagital – É o plano vertical, que divide o corpo ou parte dele em lado esquerdo e lado direito.
- Plano frontal ou coronal – O plano frontal divide o corpo em parte anterior (frente) e parte posterior (costas).
- Plano transverso – O plano transverso divide o corpo em parte superior (acima) e parte inferior (abaixo).

Podemos observar a divisão dos planos anatômicos na figura a seguir.

Figura 6.2 Representação dos planos anatômicos

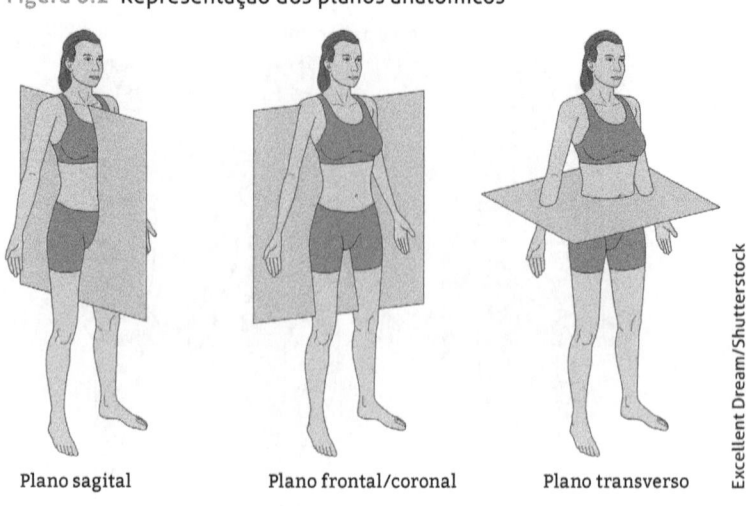

Plano sagital   Plano frontal/coronal   Plano transverso

Excellent Dream/Shutterstock

Por meio desses planos, é possível identificar e descrever os eixos nos quais os movimentos articulares são realizados.

No plano sagital, os movimentos articulares ocorrem em torno do eixo horizontal (transversal) e são denominados *movimentos de flexão e extensão*. No plano coronal, em que os movimentos são realizados em torno do eixo anteroposterior, são indicadas as ações de adução e abdução. No plano transverso, os movimentos articulares ocorrem no eixo longitudinal ou vertical e as ações articulares são denominadas *rotação medial-lateral* e *pronação-supinação* (Hall; Guyton, 2017).

Todos os termos utilizados para descrever os eixos e as ações articulares respeitam a posição anatômica.

6.2 Movimentos articulares

Articulações (juntas) são estruturas formadas por tecido conjuntivo flexível que unem um osso a outro, um osso a uma cartilagem ou um osso aos dentes (Tortora; Grabowski, 2002). Dependendo do tipo de articulação, pode ou não apresentar movimento.

As articulações são classificadas de acordo com suas estruturas e funcionalidade.

Em relação à estrutura, conforme Tortora e Grabowski (2002) e Hall e Guyton (2017), as articulações são classificadas em articulação fibrosa, articulação cartilaginosa e articulação sinovial, sobre as quais veremos mais detalhes a seguir.

- **Articulação fibrosa** – A articulação fibrosa, também denominada *sinartrose* ou *imóvel*, é separada por tecido conjuntivo fibroso e não possui cavidade articular, o que faz dela uma articulação com pouca ou nenhuma mobilidade. As articulações fibrosas são subdivididas em suturas (compostas por uma fina camada de tecido conjuntivo denso, do tipo que une o crânio), sindesmoses (possuem maior mobilidade do que a anterior e o tecido conjuntivo que une os ossos, nesse tipo de articulação, é encontrado em forma de feixes – ligamentos – ou lâminas – membranas interósseas) e gonfoses (são articulações nas quais estruturas cuneiformes, como os dentes, se encaixam perfeitamente).
- **Articulação cartilaginosa** – Essas articulações, também denominadas *anfiartroses*, são levemente móveis, porém não apresentam cavidade articular, tendo assim a mobilidade reduzida. As sincondroses (em que o tecido conjuntivo é formado por cartilagem hialina, como o do disco epifisário) e as sínfises (articulações nas quais os ossos são cobertos com uma fina camada de cartilagem hialina e a ligação entre os ossos é feita por um disco plano de fibrocartilagem) são exemplos de articulações cartilaginosas.
- **Articulação sinovial** – Essas articulações também são conhecidas como *diartroses* ou *móveis* e possuem cavidade articular (cavidade sinovial, na qual é encontrado o líquido sinovial – líquido viscoso, transparente/amarelado, formado por ácido hialurônico e líquido intersticial

filtrado do plasma sanguíneo), que atua como um "lubrificante" da articulação. Esse tipo de articulação está presente na maior parte do corpo e permite maior amplitude de movimento. As articulações sinoviais são subdivididas em uniaxial (permite apenas um eixo de rotação), biaxial (permite dois eixos de rotação) e poliaxial (permite três eixos de rotação).

Podemos observar os diferentes tipos de articulações na figura a seguir.

Figura 6.3 Representação de diferentes tipos de articulação quanto à estrutura

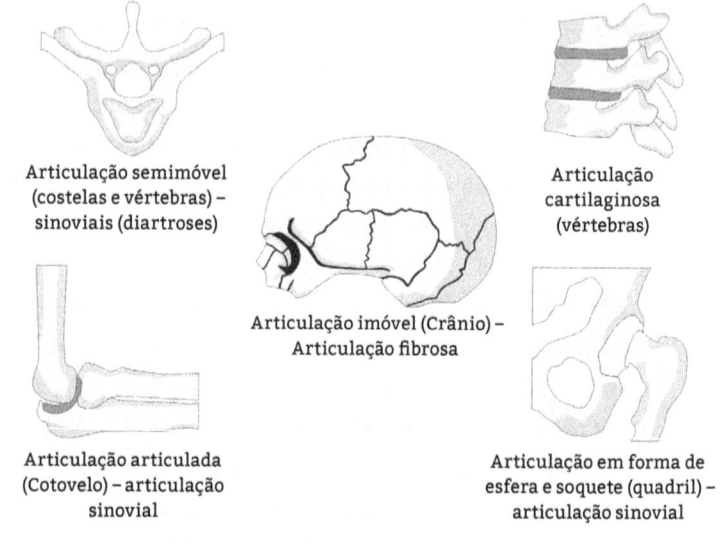

Articulação semimóvel (costelas e vértebras) – sinoviais (diartroses)

Articulação cartilaginosa (vértebras)

Articulação imóvel (Crânio) – Articulação fibrosa

Articulação articulada (Cotovelo) – articulação sinovial

Articulação em forma de esfera e soquete (quadril) – articulação sinovial

udaix/Shutterstock

Conforme Brandão (2014), as articulações sinoviais possuem diferentes tipos de superfície, fazendo com que haja uma subclassificação de seis diferentes tipos de articulações sinoviais:

- **Articulações planas** – Nessas articulações, as superfícies são planas ou pouco curvadas. São encontradas, por exemplo, nos ossos do carpo.

- **Articulações em gínglimo** – Essas articulações lembram dobradiças, em que a parte convexa de um osso se encaixa na parte côncava de outro osso. Apresentam movimentos uniaxiais e são encontradas em joelhos e cotovelos, por exemplo.
- **Articulações em pivô** – São articulações com superfícies arredondadas, formadas parte por osso e parte por cartilagem. São exemplos as articulações atlantoaxial e radioulnar.
- **Articulações condilares** – Nessas articulações, conhecidas também como *elipsoides*, a parte convexa oval de um osso se encaixa na porção oval côncava de outro osso, como ocorre na articulação do punho. Esse tipo de articulação permite movimentos em torno de dois eixos diferentes, sendo, assim, denominada *biaxial*.
- **Articulações selares** – Nessas articulações, um dos ossos tem formato de "sela de cavalo" e o outro osso se encaixa nessa "sela", como se fosse uma pessoa montada em um cavalo. Esse tipo de articulação é encontrada na ligação carpometacárpica e também é biaxial.
- **Articulações esferoides** – São articulações nas quais a superfície esférica de um osso se encaixa na porção côncava de outro osso. Essas articulações são multiaxiais (poliaxiais), sendo encontradas no quadril e no ombro.

Na figura a seguir, podemos observar os diferentes tipos de articulação.

Figura 6.4 Representação de diferentes tipos de articulação quanto à função

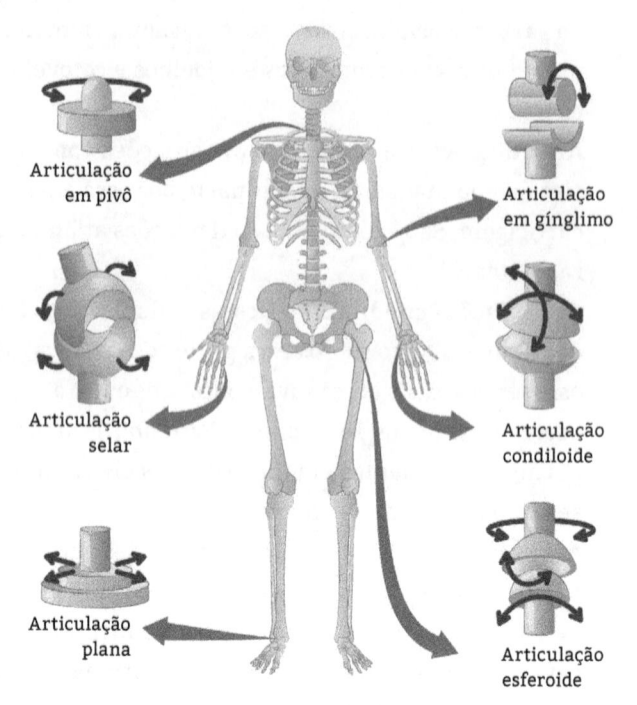

Articulação em pivô
Articulação em gínglimo
Articulação selar
Articulação condiloide
Articulação plana
Articulação esferoide

VectorMine/Shutterstock

Os diferentes tipos de articulações sinoviais permitem inúmeros tipos de movimentos, de acordo com a articulação envolvida, e indicam a maneira como o movimento ocorre e sua direção. Conforme Tortora e Grabowski (2002), os tipos de movimentos articulares são os seguintes:

- **Deslizamento** – O movimento ocorre de um lado para outro e de trás para frente das superfícies relativamente planas dos ossos.
- **Movimentos angulares** – Permitem alterações angulares entre os ossos (flexão, extensão, flexão, flexão lateral, hiperextensão, adução, abdução e circundução).
- **Rotação** – O osso gira em torno do seu próprio eixo (rotação, rotação medial e rotação lateral).

- **Movimentos especiais** – Elevação, depressão, protração, inversão, eversão, dorsiflexão, flexão plantar, supinação, pronação e oposição são os movimentos considerados como especiais de algumas articulações específicas do corpo.

6.3 Movimentos de cintura escapular e membros superiores

A cintura escapular é formada por escápulas, clavículas e manúbrio do esterno. Esse conjunto de ossos faz a ligação entre os membros superiores e o esqueleto axial, bem como entre os lados esquerdo e direito do corpo (Tortora; Grabowski, 2002). Há união entre as articulações esternoclavicular anterior, acromioclavicular e glenoumeral.

Na Figura 6.5, podemos identificar os ossos que formam a cintura escapular e os membros superiores.

Figura 6.5 Ossos da cintura escapular e membros superiores

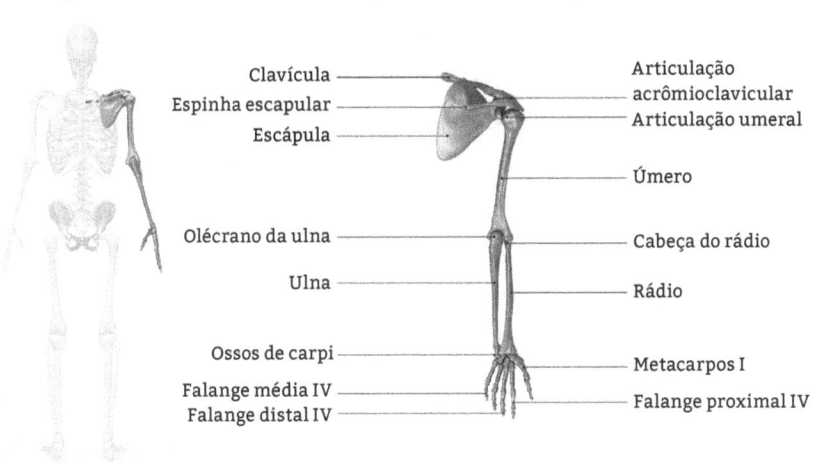

- Clavícula
- Espinha escapular
- Escápula
- Olécrano da ulna
- Ulna
- Ossos de carpi
- Falange média IV
- Falange distal IV
- Articulação acrômioclavicular
- Articulação umeral
- Úmero
- Cabeça do rádio
- Rádio
- Metacarpos I
- Falange proximal IV

sciencepics/Shutterstock

De acordo com Brandão (2014), um dos movimentos da cintura escapular é realizado pelo ombro, que possui articulação sinovial do tipo esferoide, o qual, junto com a escápula, permite diferentes movimentos articulares, como:

- **Adução e abdução** – Ocorrem na extremidade da articulação acromioclavicular, no eixo longitudinal.
- **Elevação e depressão** – Ocorrem no eixo laterolateral ou transversal, passando pela extremidade acromial da clavícula.
- **Rotação lateral e medial** – Ocorrem no eixo anteroposterior, na articulação acromioclavicular. O principal osso envolvido na rotação é a escápula, que rotaciona lateralmente ou medialmente.
- **Protração e retração** – A protração ocorre quando a escápula se aproxima da caixa torácica e da coluna vertebral, enquanto a retração ocorre quando a escápula está mais próxima da região medial do corpo.

Os membros superiores são formados pelas articulações escapuloumeral, umeroulnar, úmerorradial, radioulnar proximal, radioulnar distal, articulação radiocárpica, articulações cárpicas, carpometacárpicas, metacarpofalângicas e interfalângicas.

Os movimentos realizados pelos membros superiores são os seguintes:

- **Ombro** – Realiza movimento de abdução, adução, flexão, extensão e rotação (articulação sinovial, do tipo esferoide, triaxial).
- **Cotovelo** – Realiza apenas os movimentos de flexão e extensão. Essa articulação é sinovial, do tipo gínglimo, e é uniarticular. Porém, as articulações radioulnar distal e radioulnar proximal, que são articulações sinoviais do tipo trocoide, realizam os movimentos de pronação e supinação.

- **Punho** – A articulação do punho, também denominada *radiocárpica*, é uma articulação sinovial do tipo condilar que permite que o punho realize os movimentos de abdução, adução, flexão e extensão.
- **Mão** – Nas articulações da mão, as do carpo (mediocárpicas, radiocárpicas, intercárpicas, carpometacárpicas) são sinoviais do tipo plana, o que oferece à articulação os movimentos de deslizamento. As articulações do trapézio e do primeiro metacarpo são sinoviais do tipo selar, permitindo os movimentos de abdução, adução, flexão e extensão. Além disso, as articulações metacarpofalângicas são do tipo sinovial condilar e permitem os movimentos de abdução, adução, flexão e extensão.
- **Dedos** – As articulações das falanges são sinoviais do tipo gínglimo, permitindo somente os movimentos de flexão e extensão.

A figura a seguir apresenta os movimentos da cintura escapular e dos membros superiores.

Figura 6.6 Movimentos da cintura escapular e dos membros superiores

6.4 Movimentos de cintura pélvica e membros inferiores

A cintura pélvica é uma região muito forte e estável, devido ao acetábulo (superfície côncava da pelve, onde se articula a cabeça do fêmur) ser profundo e possuir um anel fibrocartilaginoso que proporciona grande estabilidade no encaixe da cabeça do fêmur. Além disso, a cintura pélvica é a união entre o "passageiro" – o tronco e o sistema de locomoção – e os membros inferiores, destacando uma região muito forte do corpo (Perry, 2004).

A articulação da cintura pélvica é formada pelas seguintes articulações dos ossos:

- sínfise púbica: articulação tipo sínfise, que possibilita a mobilidade bidimensional e mínima rotação;
- sacroilíaca: articulação plana, que permite somente o movimento de deslizamento.

Destacamos ainda os ossos da articulação do quadril, qual faz parte da região da cintura pélvica. A articulação do quadril é do tipo sinovial esferoide e é formada pela conexão da cabeça do fêmur e do acetábulo do ílio. Os movimentos realizados pela articulação da cintura pélvica são flexão, extensão, adução, abdução e rotação, ou seja, há a possibilidade de movimento em três eixos diferentes.

Os ossos que formam a cintura pélvica e o quadril estão indicados na Figura 6.7, a seguir.

Figura 6.7 Ossos da cintura pélvica e do quadril

Osso da pélvis feminina (anatomia do osso humano)

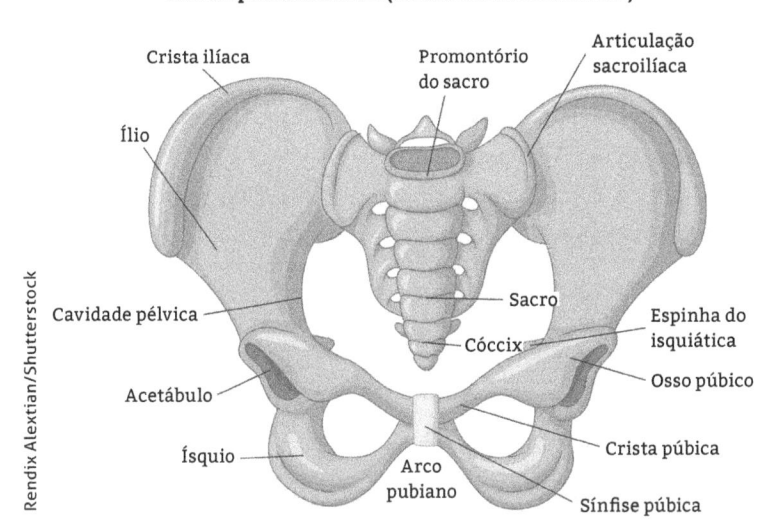

Legendas: Crista ilíaca; Promontório do sacro; Articulação sacroilíaca; Ílio; Cavidade pélvica; Sacro; Cóccix; Espinha do isquiática; Acetábulo; Osso púbico; Ísquio; Crista púbica; Arco pubiano; Sínfise púbica.

Conforme Tortora e Grabowski (2002), os membros inferiores, que estão ligados à cintura pélvica, possuem quatro articulações: 1) articulação do joelho; 2) articulação tibiofibular proximal; 3) articulação tibiofibular; e 4) articulação do pé.

A articulação do joelho é do tipo sinovial gínglimo, o que possibilita somente o movimento em um eixo, ou seja, flexão e extensão, conforme podemos observar na Figura 6.8, a seguir.

Figura 6.8 Articulação do joelho

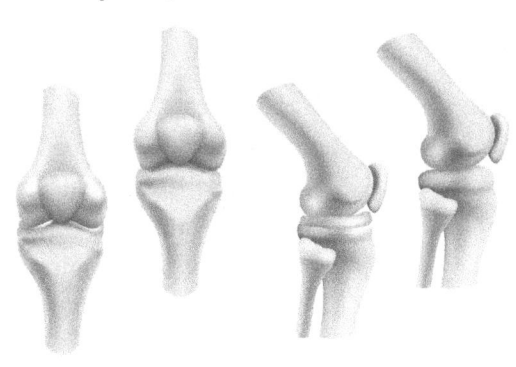

A articulação tíbiofibular proximal é formada pelo fêmur, pela tíbia e pela patela. É do tipo sinovial plana, permitindo o movimento de deslizamento do côndilo lateral da tíbia com a cabeça da fíbula.

A articulação tíbiofibular distal é do tipo fibrosa sindesmose, por isso, quase não há movimento.

Na Figura 6.9, a seguir, podemos observar as articulações tíbiofibular proximal e tíbiofibular distal.

Figura 6.9 Articulações tíbiofibular proximal e tíbiofibular distal

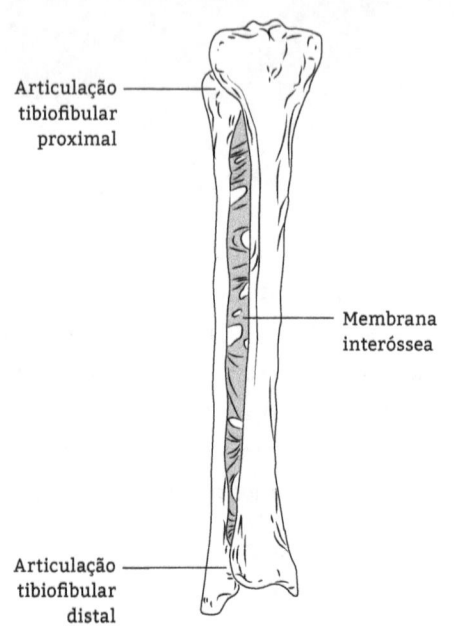

O pé é formado por seis articulações, sendo elas: articulação do tornozelo, intertársicas, tarsometatársicas, intermetatársicas, metatarsofalângicas e interfalângicas. A articulação do tornozelo é do tipo sinovial gínglimo, permitindo os movimentos de flexão plantar e dorsiflexão dos ossos tálus, maléolos e da face inferior da tíbia. Os ossos do tarso, tálus, calcâneo e navicular, juntos, formam a articulação do pé, a qual é tipo sinovial plana. Essa articulação permite os movimentos de eversão e inversão. As articulações tarsometatársicas e intermetatársicas são do tipo sinovial plana, permitindo o deslizamento dos ossos cuneiformes e cuboide e dos ossos metatarsos. As duas últimas articulações do pé são as metatarsofalângicas e as interfalângicas. As metatarsofalângicas, que são sinoviais condilares, permitem movimentos de flexão, extensão, abdução e adução. Já as articulações interfalângicas, formadas pelas falanges, são do tipo sinovial gínglimo, possibilitando o movimento de flexão e extensão.

6.5 Movimentos de tronco e referência de uma boa postura

O tronco é formado pela coluna vertebral (vértebras e discos intervertebrais). A coluna vertebral é dividida em regiões cervical, torácica, lombar e sacrococcígea (Tortora; Grabowski, 2002). Na parte superior da coluna vertebral, há a articulação da vértebra cervical com o osso occipital da cabeça, enquanto na parte inferior, a coluna vertebral se articula com o ilíaco.

A coluna vertebral tem dois papéis muito importantes, que são dar suporte e sustentação ao tronco e proteção à medula espinhal (Tortora; Grabowski, 2002). A articulação da coluna é do tipo sinovial condilar e permite movimento em seis diferentes eixos, sendo eles: flexão (inclinação anterior), extensão (inclinação posterior), inclinação lateral direita e esquerda, rotação direita e esquerda.

A figura a seguir apresenta uma representação da coluna vertebral.

Figura 6.10 Estrutura dos segmentos da coluna vertebral

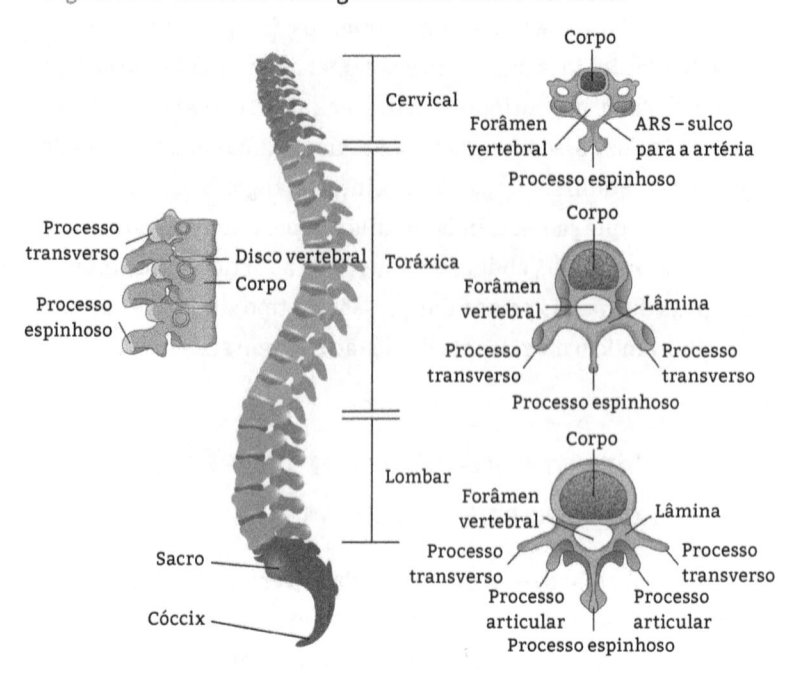

A coluna vertebral, por dar sustentação ao tronco, está diretamente relacionada com a postura corporal. A postura, por sua vez, é conceituada como sendo um conjunto de posições articulares, em um determinado espaço e tempo, para estabilidade e orientação do corpo (Shumway-Cook; Woollacott, 2003).

Horak e MacPherson (citados por Shumway-Cook; Woollacott, 2003) definem orientação postural como a capacidade de manter os segmentos corporais alinhados e com uma boa relação entre o corpo e o ambiente para a realização das tarefas motoras.

A estabilidade postural é conceituada como sendo a capacidade de manter o equilíbrio em repouso e em movimento (Shumway-Cook; Woollacott, 2003). Assim, o corpo está em uma posição considerada estável quando o centro de massa (CM) está no interior da base de suporte (BS).

Algumas alterações na estabilidade e no controle posturais podem estar ligadas a problemas de coluna, que podem ter caráter irreversível ou tratável. Entre os fatores que podem causar problemas de coluna e alterações posturais, podemos citar posicionamentos incorretos na realização de atividades diárias, sobrecarga no ambiente laboral e má postura na prática de exercícios físicos, conforme indicado na Figura 6.11, a seguir.

Figura 6.11 Representação de posturas corretas e incorretas da coluna vertebral

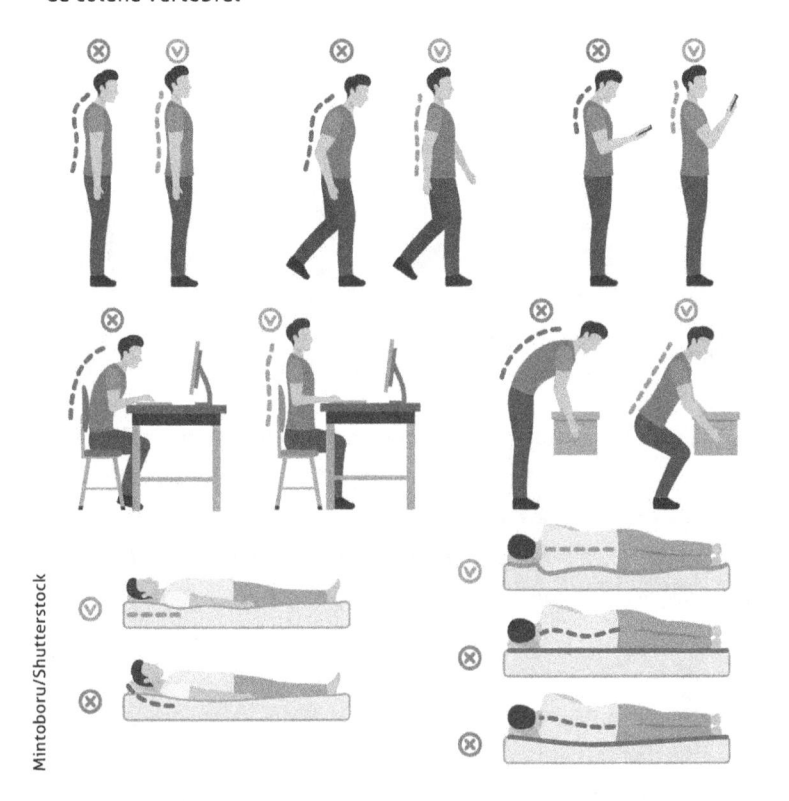

Mintoboru/Shutterstock

Hiperlordose, cifose e escoliose são as alterações mais comuns da coluna vertebral, decorrentes de má postura e/ou alterações congênitas (Martins; Puertas; Wajchenberg, 2014). Essas alterações posturais da coluna vertebral podem ocasionar dor, dificuldade de estabilidade e orientação postural, além de prejuízos na realização das atividades do dia a dia e no desempenho laboral e esportivo.

Alguns tipos de alterações da coluna vertebral estão indicados na figura a seguir.

Figura 6.12 Tipos de alterações da coluna vertebral

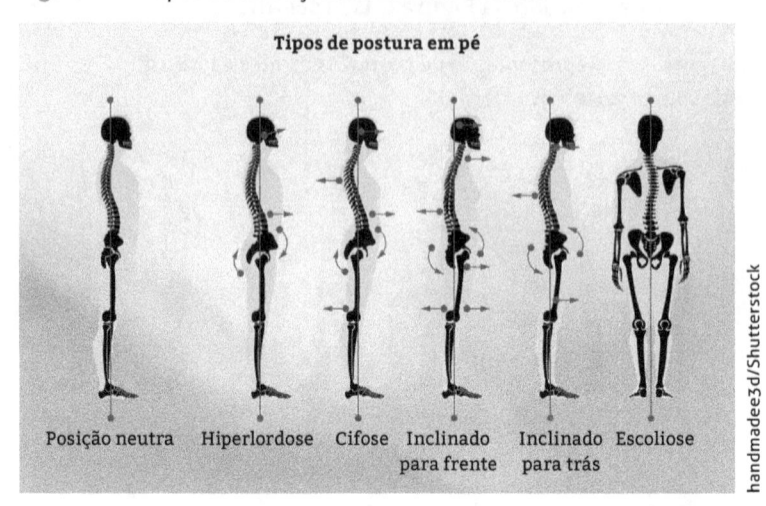

Tipos de postura em pé

Posição neutra | Hiperlordose | Cifose | Inclinado para frente | Inclinado para trás | Escoliose

handmadee3d/Shutterstock

Uma outra alteração recorrente na coluna vertebral é a hérnia de disco, que se trata do desgaste dos discos intervertebrais, que são formados por tecido cartilaginoso e têm por função amortecer impactos e reduzir o atrito entre as vértebras (Martins; Puertas; Wajchenberg, 2014). O desgaste ocorre devido ao tempo, ao uso repetitivo e à exposição a cargas excessivas. Há ainda a influência genética, as alterações decorrentes do processo de envelhecimento e o sedentarismo. Quando isso ocorre, há compressão das raízes nervosas que saem da coluna.

A formação da hérnia de disco está representada na figura a seguir.

Figura 6.13 Representação da formação da hérnia de disco

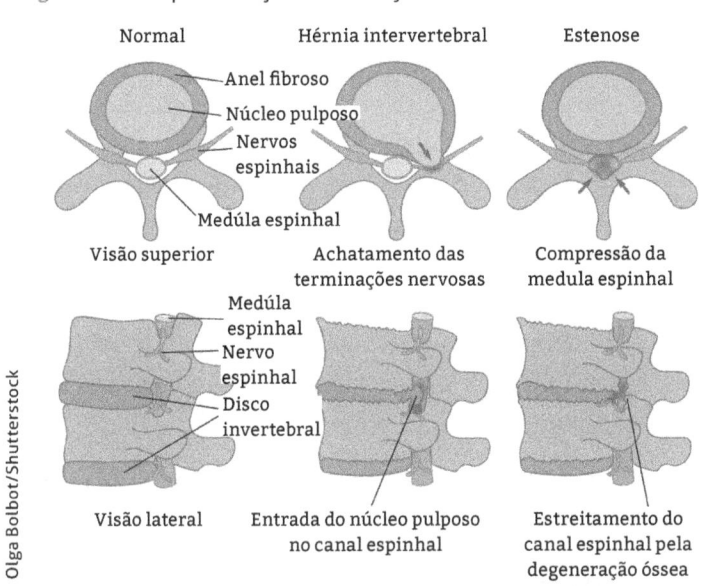

Normal — Visão superior
- Anel fibroso
- Núcleo pulposo
- Nervos espinhais
- Medúla espinhal

Hérnia intervertebral — Achatamento das terminações nervosas

Estenose — Compressão da medula espinhal

Visão lateral
- Medúla espinhal
- Nervo espinhal
- Disco invertebral

Entrada do núcleo pulposo no canal espinhal

Estreitamento do canal espinhal pela degeneração óssea

Olga Bolbot/Shutterstock

A pessoa que é acometida por hérnia discal pode apresentar formigamento dos membros superiores e/ou inferiores e dor na coluna dependendo do local da hérnia. Tratamentos medicamentosos, fisioterápicos, alternativos ou cirúrgicos são algumas opções para quem possui hérnia de disco. Além disso, manter hábitos saudáveis, como atividade física regular, para o fortalecimento do core (grupo de músculos do abdômen, da lombar, da pelve e do quadril, que atua no equilíbrio corporal), e postura correta na realização das atividades diárias e laborais reduzem o risco de acometimentos da coluna vertebral.

Síntese

Neste capítulo, foram abordadas as terminologias utilizadas, de maneira universal, para se referir aos planos e eixos na posição anatômica.

Foram indicados e explicados os diferentes tipos de articulações presentes no corpo humano, assim como os movimentos realizados por alguns tipos articulares.

Finalizamos o capítulo com a descrição dos movimentos do tronco e a importância de se ter uma boa postura corporal. Além disso, destacamos algumas patologias da coluna vertebral e possíveis tratamentos.

Indicações culturais

A seguir, indicamos uma reportagem sobre como a má postura aplicada nas tarefas do dia a dia pode provocar alterações na coluna vertebral, causando desvios posturais e dores.

MÁ POSTURA provoca desvios e dores. **Bem Estar**, Rio de Janeiro, 1º ago. 2019. Programa de televisão. Disponível em: <https://globoplay.globo.com/v/7810207>. Acesso em: 29 mar. 2021.

Atividades de autoavaliação

1. O corpo pode ser dividido em planos e eixos imaginários (posição anatômica), que são utilizados para secionar e permitir o estudo de uma superfície plana da estrutura tridimensional que é o corpo humano. Relacione os planos da posição anatômica com suas respectivas descrições:

    (1) Plano sagital
    (3) Plano frontal/coronal
    (3) Plano transverso

( ) É o plano vertical, que divide o corpo ou parte dele em lado esquerdo e lado direito.
( ) É o plano que divide o corpo em parte superior (acima) e parte inferior (abaixo).
( ) É o plano que divide o corpo em parte anterior (frente) e parte posterior (costas).

Agora, assinale a alternativa que contém a sequência correta:

a) 2 – 3 – 1.
b) 1 – 3 – 2.
c) 2 – 1 – 3.
d) 3 – 2 – 1.
e) 3 – 1 – 2.

2. Articulações são estruturas formadas por tecido conjuntivo flexível que unem um osso a outro osso, um osso a uma cartilagem ou um osso aos dentes. Dependendo do tipo de articulação, pode ou não apresentar movimento. Assim sendo, relacione os tipos de articulação com suas respectivas características:

(1) Articulação fibrosa
(2) Articulação cartilaginosa
(3) Articulação sinovial

( ) Essa articulação, também conhecida como *diartrose* ou *móvel*, possui cavidade articular.
( ) Essa articulação, também denominada *sinartrose* ou *imóvel*, é separada por tecido conjuntivo fibroso e não possui cavidade articular, o que faz dela uma articulação com pouca ou nenhuma mobilidade.
( ) Essa articulação, também denominada *anfiartrose*, é levemente móvel, porém não apresenta cavidade articular, tendo, assim, a mobilidade reduzida.

Agora, assinale a alternativa que contém a sequência correta:

a) 2 – 3 – 1.
b) 1 – 3 – 2.
c) 2 – 1 – 3.
d) 3 – 2 – 1.
e) 3 – 1 – 2.

3. As articulações planas, em gínglimo, em pivô, condilares, selares e esferoides representam os seis tipos de superfícies presentes nas articulações do tipo:

a) sinovial.
b) fibrosa.
c) cartilaginosa.
d) imóvel.
e) multiarticular.

4. O tronco é formado pela coluna vertebral, que é dividida em regiões cervical, torácica, lombar e sacrococcígea. A coluna vertebral tem dois papéis muito importantes, que são:

a) Dar suporte e sustentação aos membros superiores e proteção aos órgãos internos.
b) Dar suporte e sustentação ao tronco e proteção à medula espinhal.
c) Dar suporte e sustentação aos membros inferiores e proteção ao córtex cerebral.
d) Dar suporte e sustentação ao crânio e proteção aos discos intervertebrais.
e) Dar suporte e sustentação ao corpo e proteção ao licor.

5. As alterações posturais da coluna vertebral podem ocasionar dor, dificuldade de estabilidade e orientação postural, além de prejuízos na realização de atividades do dia a dia e no desempenho laboral e esportivo. Assinale a alternativa que nomeia as três alterações mais comuns da coluna vertebral, decorrentes de má postura e/ou alterações congênitas:

a) Hipercifose, tendinite e espondilose.
b) Hiperescoliose, bursite e artrose.
c) Aterosclerose, hiperlordose e artrite reumatoide.
d) Osteoporose, inflamação ciática e condiloidite.
e) Hiperlordose, cifose e escoliose.

Atividades de aprendizagem

Questões para reflexão

1. Vimos que uma das alterações recorrentes na coluna vertebral é a hérnia de disco, caracterizada pelo desgaste dos discos intervertebrais. O desgaste ocorre devido ao tempo, ao uso repetitivo e à exposição a cargas excessivas; ainda há influência genética, alterações decorrentes do processo de envelhecimento e sedentarismo. Quando isso ocorre, há compressão das raízes nervosas que saem da coluna. Para tratar e prevenir a ocorrência da hérnia de disco, podem ser utilizados diferentes tipos de protocolos de exercícios. Cite e explique pelo menos dois tipos de exercícios recomendados para a prevenção e a reabilitação desse tipo de lesão.

2. Algumas alterações da coluna vertebral podem estar associadas à má formação congênita ou a influências ambientais, como obesidade, realização de atividades diárias com posicionamentos incorretos, sobrecarga laboral e má postura durante a execução de movimentos na prática de exercícios físicos e esportes. Conforme estudado neste capítulo, indique os tipos de alterações mais comuns da coluna vertebral e os principais sintomas decorrentes desses problemas.

Atividade aplicada: prática

1. Faça uma análise postural, própria ou de outra pessoa, utilizando papel pardo quadriculado, fio de prumo e jornal ou folha de sulfite. Com o quadro do papel pardo e o fio de prumo, você pode observar os alinhamentos corporais e, com os pés molhados sobre a folha de jornal ou sulfite, você é capaz de verificar as características dos arcos platares (da planta dos pés). O que você deve observar:

    I. pés – alinhamento do tendão calcâneo e hálux (maior dedo do pé) e altura dos arcos plantares;
    II. joelhos – alinhamento do espaço entre os côndilos femorais, trocânter (proeminências da parte superior do fêmur), joelho e tornozelo;
    III. quadril – altura das cristas ilíacas, rotação e relação das espinhas Ilíacas anterossuperiores e espinha ilíaca póstero superior;
    IV. tronco – assimetrias do formato do tórax e alinhamento entre ombro e quadril;
    V. ombro e escápulas – alinhamento entre os ombros e as escápulas, utilizando as orelhas como referência;
    VI. cabeça – inclinação e rotação.

    Feita a avaliação, monte um quadro com os resultados. Caso as partes indicadas não estejam alinhadas, significa que há possíveis problemas posturais. Em seguida, descreva um possível protocolo de treinamento para prevenir ou tratar alterações posturais.

Considerações finais

Neste livro, discutimos diversos aspectos da biologia celular, desde aspectos históricos até suas funções em diferentes sistemas orgânicos.

Entre os componentes estudados, foram apresentados os conceitos de célula, considerada a unidade básica da vida, e seus componentes químicos e orgânicos, com a caracterização e a funcionalidade de cada organela celular.

Foram expostas as diferenças entre as células procariontes – células que não apresentam núcleo em sua estrutura – e as células eucariontes – células que possuem um ou mais núcleos em sua estrutura.

O corpo humano é formado por aproximadamente 100 trilhões de células. Sendo assim, a multiplicação das células, por mitose e meiose, foi um outro tema importante explorado neste livro.

Buscamos, ainda, nesta obra, abordar conteúdos sobre a biologia celular relacionando-os com a anatomia e a fisiologia, como ferramenta de explicação do funcionamento do corpo humano. Sendo assim, analisamos os diversos tecidos existentes no corpo humano.

O primeiro tecido a ser explorado foi o nervoso, responsável por comandar todas as funções orgânicas do corpo humano – homeostase do organismo. Assim sendo, foram abordadas a caracterização de cada estrutura que forma o sistema nervoso, como o neurônio (unidade básica do sistema nervoso, responsável por receber e transmitir os estímulos internos e externos ao organismo), os nervos e os glânglios nervosos.

As células dos tecidos ósseo, cartilaginoso, conjuntivo, epitelial e sanguíneo foram caracterizadas, em estrutura e função, nos sistemas das quais fazem parte.

Para compreensão das funções do sistema ósseo (proteção dos órgãos, sustentação e movimento corpo), foram apresentadas as diferentes células que compõem o tecido, os osteoblastos, os osteoclástos e os osteócitos, além dos diferentes tipos de osso que formam o corpo humano.

A mesma estrutura de informações foi utilizada para explicar os tecidos cartilaginoso, conjuntivo, epitelial e sanguíneo.

O tecido muscular foi o protagonista da discussão no quinto capítulo desta obra. Dividido em tecido muscular liso, tecido muscular cardíaco e tecido muscular esquelético, foram indicadas as diferenças estruturais e funcionais de cada tipo de célula muscular. Além disso, coube nesse momento explorar os tipos de contração muscular, isométrica e isotônica – contração concêntrica e excêntrica – e o sistema de transmissão da informação neural, para que a contração muscular seja realizada, explicando como ocorrem as sinapses nervosas e o potencial de ação. O capítulo foi finalizado com o sistema sensorial e suas modalidades, que são os tipos de sensações que possuímos, sendo elas: o tato, o olfato, a visão, a audição e o paladar. O sistema sensorial é a porta de entrada das informações do ambiente e, também, o canal para informações proprioceptivas.

No último capítulo, foi abordado o sistema universal de planos e eixos, que possibilita descrever qualquer região ou parte do corpo a partir da mesma posição. Foram apresentadas e caracterizadas as articulações, possibilitando o conhecimento de informações sobre os tipos de movimentos realizados por cada articulação do corpo humano, mais especificamente, os movimentos de cintura escapular e membros superiores, movimentos cintura pélvica e membros inferiores e movimentos do tronco, que nos levaram a conhecer algumas alterações da coluna e sua relação com a postura.

Desse modo, este livro apresentou definições básicas de cada componente celular e os diferentes tecidos e sistemas – informações importantes para compreensão de temas correlatos aos aspectos biológicos.

Referências

A CÉLULA HUMANA. Direção: Mike Davis. EUA: BBC, 2009. 58 min. Disponível em: <https://www.dailymotion.com/video/xv5l4i>. Acesso em: 28 mar. 2021.

ALEGRE, L. Pesquisadores discutem papel do sistema muscular na imunidade. **Jornal da USP**, 27 nov. 2020. Disponível em: <https://jornal.usp.br/ciencias/ciencias-da-saude/pesquisadores-discutem-papel-do-sistema-muscular-na-imunidade>. Acesso em: 29 mar. 2021.

BATTASTINI, A. M. O.; ZANIN, R. F.; BRAGANHOL, E. Recentes avanços no estudo das enzimas que hidrolisam o ATP extracelular. **Ciência e Cultura**, São Paulo, v. 63, n. 1, p. 26-28, jan. 2011. Disponível em: <http://cienciaecultura.bvs.br/scielo.php?script=sci_arttext&pid=S0009-67252011000100011>. Acesso em: 22 jul. 2021.

BRANDÃO, D. C. **Estudando cinesiologia básica aplicada à educação física**. Porto Alegre: EdiPUCRS, 2014.

CARVALHO, H. F.; RECCO-PIMENTEL, S. M. **A célula**. 4. ed. Barueri: Manole, 2019.

CHAMORRO, R.; MENDES, A. Hemofilia: conheça doença que afeta quase exclusivamente homens. **Viva Bem Uol**, 4 jan. 2020. Disponível em: <https://www.uol.com.br/vivabem/noticias/redacao/2020/01/04/hemofilia-conheca-doenca-que-afeta-quase-exclusivamente-homens.htm>. Acesso em: 29 mar. 2021.

COOPER, G. M.; HAUSMAN, R. E. **A célula**: uma abordagem molecular. Tradução de Maria Regina Borges-Osório. 3. ed. Porto Alegre: Artmed, 2007.

ELE tem esclerose múltipla, terminou um Ironman e virou filme no Netflix. **UOL**, Esporte, São Paulo, 22 abr. 2017. Disponível em: <https://www.uol.com.br/esporte/triatlo/ultimas-noticias/2017/04/22/ele-tem-esclerose-multipla-terminou-um-ironman-e-virou-filme-no-netflix.htm>. Acesso em: 29 mar 2021.

GATTACA: a experiência genética. Direção: Andrew Niccol. EUA: Columbia Pictures, 1997. 106 min.

GOMES, F. C. A.; TORTELLI, V. P.; DINIZ, L. Glia: dos velhos conceitos às novas funções de hoje e as que ainda virão. **Estudos Avançados**, v. 27, n. 77, 2013. Disponível em: <https://www.scielo.br/pdf/ea/v27n77/v27n77a06.pdf>. Acesso em: 28 mar. 2021.

HALL, J. E.; GUYTON, A. C. **Tratado de fisiologia médica**. Tradução de Alcides Marinho Junior et al. 13. ed. Rio de Janeiro: Elsevier, 2017.

HAM, A. W.; CORMACK, D. H. **Histologia**. 8. ed. Rio de Janeiro: Guanabara Koogan, 1983.

HISTORY of the Cell: Discovering the Cell. **National Geographic**, Resource Library, 23 May 2019. Disponível em: <https://www.nationalgeographic.org/article/history-cell-discovering-cell>. Acesso em: 28 mar. 2021.

JUNQUEIRA, L. C.; CARNEIRO, J. **Biologia celular e molecular**. 9. ed. Rio de Janeiro: Guanabara Koogan, 2013.

MÁ POSTURA provoca desvios e dores. **Bem Estar**, Rio de Janeiro, 1º ago. 2019. Programa de televisão. Disponível em: <https://globoplay.globo.com/v/7810207>. Acesso em: 29 mar. 2021.

MARIEB, E. N.; WILHELM, P. B.; MALLATT, J. **Anatomia humana**. Tradução de Lívia Cais, Luiz Cláudio Queiroz e Maria Silene de Oliveira. 7. ed. São Paulo: Pearson Education do Brasil, 2014.

MARTINS, D. E.; PUERTAS, E. B.; WAJCHENBERG, M. **Clínica da coluna vertebral**. São Paulo: Atheneu, 2014.

MONTANARI, T. **Histologia**: texto, atlas e roteiro de aulas práticas. 3. ed. Porto Alegre: Ed. do Autor, 2016.

NUNES, T. 15 filmes para estudar biologia. **Ponto Biologia**, 24 abr. 2017. Disponível em: <https://pontobiologia.com.br/15-filmes-para-estudar-biologia>. Acesso em: 29 mar. 2021.

PAOLI, S. de. **Citologia e embriologia**. São Paulo: Pearson Education do Brasil, 2014.

PERRY, J. **Análise de marcha**: sistemas de análise de marcha. Tradução de Cintia Domingues de Freitas e Alethea Gomes Nardini. São Paulo: Manole, 2004. v. 3.

PICOLO, K. C. S. de A. **Química geral**. São Paulo: Pearson Education do Brasil, 2014.

SHUMWAY-COOK, A.; WOOLLACOTT, M. H. **Controle motor**: teoria e aplicações práticas. Tradução de Maria de Lourdes Gianini.2. ed. São Paulo: Manole, 2003.

SHUMWAY-COOK, A.; WOOLLACOTT, M. H. **Controle motor**: teoria e aplicações práticas. 2. ed. São Paulo: Manole, 2003.

TORTORA, G. J.; GRABOWSKI, S. R. G. **Princípios de anatomia e fisiologia**. Tradução de Alexandre Lins Werneck, Charles Alfred Esbérard e Marco Aurélio Fonseca Passos. 9. ed. Rio de Janeiro: Guanabara Koogan, 2002.

Bibliografia comentada

CARVALHO, H. F.; RECCO-PIMENTEL, S. M. **A célula**. 4. ed. Barueri: Manole, 2019.

O livro *A célula* é uma obra escrita com clareza e, por isso, de fácil compreensão. Apresenta conhecimentos gerais sobre conceitos e características morfofuncionais das células e dos processos fisiológicos básicos. Por se tratar de um livro amplamente ilustrado, é largamente recomendado a estudantes e professores de ciências biológicas e outras disciplinas que abordam a biologia celular como conteúdo.

HALL, J. E.; GUYTON, A. C. **Tratado de fisiologia médica**. 13. ed. Rio de Janeiro: Elsevier, 2017.

Essa obra é um clássico mundial. Já na 13ª edição, esse livro-texto, de grande clareza e fácil compreensão, é recomendado para professores universitários, pesquisadores e alunos de graduação e pós-graduação. A obra traz conteúdos detalhados sobre fisiologia e fisiopatologia do corpo humano. Além de ser muito bem ilustrado com imagens e tabelas, o livro-texto oferece informações de apoio e exemplos detalhados sobre os conteúdos abordados. Para deixar o material ainda melhor, nessa edição está disponível um conteúdo *online* com mais apontamentos, como banco de imagens, referências, perguntas e respostas e animações.

JUNQUEIRA, L. C.; CARNEIRO, J. **Biologia celular e molecular**. 9. ed. Rio de Janeiro: Guanabara Koogan, 2013.

O livro *Biologia celular e molecular* é um dos clássicos da área da biologia celular, sendo amplamente recomendado e indicado nas bibliografias básicas dos cursos da área da saúde. A 9ª edição traz conteúdos atualizados sobre as células, além de conter ilustrações que auxiliam na compreensão dos temas abordados.

PAOLI, S. de. **Citologia e embriologia**. São Paulo: Pearson Education do Brasil, 2014.

Citologia e embriologia é uma obra básica, na qual são descritos conteúdos da área de citologia e embriologia. Trata-se de uma obra de fácil leitura, na qual é abordada a organização das células procariontes e eucariontes, bem como a composição e a fisiologia celular. As inúmeras ilustrações auxiliam ainda mais na compreensão dos conteúdos abordados na obra.

TORTORA, G. J.; GRABOWSKI, S. R. G. **Princípios de anatomia e fisiologia**. Tradução de Alexandre Lins Werneck, Charles Alfred Esbérard e Marco Aurélio Fonseca Passos. 9. ed. Rio de Janeiro: Guanabara Koogan, 2002.

A obra *Princípios de anatomia e fisiologia* é uma das mais importantes para estudantes de graduação em Medicina, Ciências Biológicas, Educação Física, Fisioterapia, entre outros cursos da área da saúde. O livro aborda, de maneira detalhada, clara e didática, aspectos do funcionamento do corpo humano, desde as características celulares até a organização dos sistemas do organismo. Além disso, o livro-texto é amplamente ilustrado, o que facilita a compreensão dos conteúdos abordados. Essa edição de 2002 oferece um CD-ROM com conteúdo ilustrado, além de indicação de aplicações clínicas em todos os capítulos.

Respostas

Capítulo 1

Atividades de autoavaliação

1. b
2. a
3. c
4. d
5. c

Capítulo 2

Atividades de autoavaliação

1. b
2. a
3. c
4. d
5. c

Capítulo 3

Atividades de autoavaliação

1. a
2. c
3. b
4. b
5. d

Capítulo 4

Atividades de autoavaliação

1. e
2. b
3. e
4. b
5. d

Capítulo 5

Atividades de autoavaliação

1. b
2. b
3. e
4. a
5. b

Capítulo 6

Atividades de autoavaliação

1. b
2. e
3. a
4. b
5. e

Sobre a autora

Tatiane Calve é bacharel em Educação Física pela Universidade Estadual Paulista Júlio de Mesquita Filho (Unesp), mestre em Ciências da Motricidade pela mesma instituição e doutora em Ciências da Saúde pela Universidade Cruzeiro do Sul. Atualmente, é docente dos cursos de bacharelado e licenciatura em Educação Física na Escola de Educação e Enfermagem e na Escola de Saúde do Centro Universitário Internacional Uninter. É também autora de pesquisas e artigos, capítulos de livros e livros publicados nas áreas de educação, educação física e saúde.

Os papéis utilizados neste livro, certificados por instituições ambientais competentes, são recicláveis, provenientes de fontes renováveis e, portanto, um meio **respons**ável e natural de informação e conhecimento.

Impressão: Reproset